反冷暴力
心理学

蜗牛格格 ◎ 著

苏州新闻出版集团
古吴轩出版社

图书在版编目（CIP）数据

　　反冷暴力心理学 / 蜗牛格格著. -- 苏州 ：古吴轩
出版社，2025. 6. -- ISBN 978-7-5546-2653-5
　　Ⅰ. B842.6-49
　　中国国家版本馆CIP数据核字第2025MQ1630号

责任编辑：顾　熙
见习编辑：赵　卓
策　　划：周建林
封面设计：沐　云

书　　名：反冷暴力心理学
著　　者：蜗牛格格
出版发行：苏州新闻出版集团
　　　　　古吴轩出版社
　　　　　地址：苏州市八达街118号苏州新闻大厦30F
　　　　　电话：0512-65233679　　　邮编：215123
出 版 人：王乐飞
印　　刷：水印书香（唐山）印刷有限公司
开　　本：670mm×950mm　　1/16
印　　张：11
字　　数：124千字
版　　次：2025年6月第1版
印　　次：2025年6月第1次印刷
书　　号：ISBN 978-7-5546-2653-5
定　　价：49.80元

如有印装质量问题，请与印刷厂联系。022-69396051

前言

　　冷暴力，作为一种隐匿于日常生活中的潜在伤害，以它独有的静默方式，深刻地影响着我们的精神世界。它不仅仅是精神的压迫或者言语的攻击，也在以一种更为隐蔽的方式渗透进我们的生活。它可能表现为亲密关系中的冷漠回应，或是职场中的忽视与孤立。这种无形的压迫让人感到窒息，却往往难以被外界察觉和理解。

　　越来越多的人在冷暴力的阴影下挣扎，他们的自尊心逐渐受到侵蚀，内心的痛苦却难以言表。许多人在经历冷暴力时，甚至无法意识到这是一种心理虐待，常常陷入深深的自我怀疑与自责之中，仿佛一切都是自己的错。这样的感受不仅令人痛苦不堪，也让人迷失生活的方向。

　　本书旨在揭示冷暴力的本质、施暴者的心理动机以及受害者的特征，以帮助读者理解这一复杂的现象。我们将详细探讨如何识别冷暴力的迹象，如何打破沉默，以及如何在逆境中重建内心的力量。

无论是在生活中还是在职场上，冷暴力的表现形式虽然各异，但其核心始终是权力与控制的游戏。在对施暴者的心理进行剖析时，我们会发现，他们的行为背后往往隐藏着深层的恐惧与不安。冷暴力不仅是他们对他人施加的伤害，也是他们内心深处无法释怀的痛苦。通过深入了解这些施暴者的心理机制，我们可以更好地理解冷暴力的循环模式，从而帮助受害者走出困境，甚至促使施暴者意识到自己的伤害行为并做出改变。

值得注意的是，冷暴力的受害者并非无能为力，他们往往因某些心理特质而成了攻击目标。本书将描绘这些特质及其成因，帮助受害者认识到自身的价值，逐渐从被动状态转变为主动应对的姿态。

在书中，我们将提供一系列切实可行的建议与方法，帮助读者重拾力量，走出冷暴力的阴影，实现自我疗愈、重建人际关系，找回幸福，活出真正的精彩人生。

目 录

第三章

受害者：容易被冷暴力瞄准的心理特质

第四章

亲密关系中的无声对决：当爱被冷漠替代

第五章

职场冷暴力：从无声压迫中突围而出

第六章

挣脱束缚：走出冷暴力的阴影

第七章
重塑幸福：开启自由与精彩的人生

第一章

冷暴力：当沉默比言语更具杀伤力

冷暴力，这种缺乏情感支持的状态，往往使人的内心倍感压抑且无处排解。它虽不显露出直接的攻击性，但长此以往，其造成的伤害往往比直接的冲突更为深刻与持久。

冷暴力到底是什么

　　"冷暴力"这个词可能对一些人而言尚显陌生，然而它在我们的日常生活中却并不少见。与肢体冲突的直接性和显而易见不同，冷暴力是一种更为隐秘的、情感上的伤害方式。本质上，它是一种情感和心理上的虐待形式，施暴者通过冷漠、忽视、沉默、疏远、排斥、讽刺、嘲笑、拒绝沟通或情感隔离等手段，来操控或伤害他人。

　　这种行为通常表现为施暴者对受害者的情感需求不予理睬，通过制造情感距离或故意回避沟通来使对方感到孤立无援。可以说，冷暴力是在沉默中传递着对他人的伤害，破坏着人与人之间的和谐与信任。尽管冷暴力不涉及身体上的攻击，但其对受害者心理健康的破坏可能极为深远。

一个陌生人的留言

冷暴力现场

我有一个交往多年的朋友，曾经，我们常常利用休息时间一起玩乐，并分享彼此的喜怒哀乐。然而，随着时间的推移和生活节奏的加快，工作压力也如同潮水般涌来，将我们曾经紧密的联系逐渐冲淡。

起初，我以为这只是暂时的，忙碌过后，我们依然能像从前那样，围坐在一起，分享彼此的故事。但渐渐地，我发现了一些微妙的变化——我多年的好友开始在我的世界里变得模糊。

我发出去的每一条信息，都石沉大海；电话拨出后，等到的总是冰冷的忙音或是简短的敷衍……

一位心理医生的回复

常言道："对话是灵魂之间的桥梁。"而冷暴力通过沉默和拒绝沟通切断了这座桥梁，使问题无法得到解决，矛盾不断累积。你在冷暴力中不仅感到了排斥，还对人际关系和自我价值产生了质疑，朋友的故意疏远和情感上的排斥对你的情绪造成了严重的负面影响。

冷暴力就是一把隐形的刺刀

作为人际关系的毒药，冷暴力到底会对人们的生活产生哪些可怕的影响呢？

（1）心理健康受损。生活中，如果情感长期被忽视，人们就会出现焦虑、抑郁、失眠等心理问题。这种状况如果长期得不到治疗，可能会引发更严重的心理疾病，如重度抑郁症、创伤后应激障碍（PTSD，Post-Traumatic Stress Disorder，这是一种由暴露于极端创伤性事件引发的精神障碍。这些创伤性事件可能包括战争、自然灾害、严重事故、暴力袭击或其他威胁生命安全的经历）。

（2）让人长期处于情绪不稳定的状态，从而引发人际关系恶化。无论是家庭、恋爱、友谊还是职场关系，如果受害者经历长期的不公正对待，可能会导致个体产生愤怒和敌对的负面情绪，难以维持情绪稳定；也会导致在社交过程中抑制不住愤怒，致使许多关系的破裂或疏远，影响社交状态。

（3）出现自我认同问题。在人际关系中，有一方可能认为自己不值得被爱或得不到尊重，进而导致自尊心下降、自信心丧失。这种自我否定的情绪不仅影响着受害者的自我认知，还可能在其他领域（如工作、社交）中表现出来。

在人际关系当中，冷暴力的负面影响是深远而复杂的，它不仅侵蚀受害者的心理和情感健康，还可能导致一系列社会关系的破裂，间接引起身心健康的恶化。因此，识别并及时应对冷暴力至关重要，这有助于减少冷暴力对个人生活的不良影响。

如何免受冷暴力的无声折磨

在人际关系中，冷暴力的施暴者通过不理不睬和闭口不谈的方式来悄无声息地伤害他人。这种行为常常像一堵无形的墙，阻隔了本应存在的关心和支持，让受害者感到孤立无援。那么，人们要如何避免冷暴力的伤害呢？

（1）主动沟通。你尝试以非对抗的方式与对方沟通，表达你的感受和需求。你可以说出对方行为对你的影响，询问是否有未解决的问题需要讨论。沟通的目的是寻求解决方案，而不是相互指责或激化矛盾。这样的沟通过程，既有释放压力的作用，也能将解决问题的主动权掌握在自己手中。

（2）保持冷静与自我觉察。你要意识到你周围冷暴力的存在，冷静分析施暴者的行为动机和对你的影响。同时要自我觉察，明确自己在这段关系中的感受，不要轻易受到对方的冷漠态度的影响，避免因情绪失控而做出过激反应。

（3）设立个人界限。告诉对方哪些行为是你不能接受的。如果对方继续以冷暴力的方式对待你，你就要表明你不能容忍这种行为，并坚持自己的底线。这有助于保护自己的心理健康，并传达出你对健康关系的期待。

（4）适当寻求外界的支持。如果冷暴力对你的影响过于强烈，寻求外部支持是必要的。你可以向朋友、家人或心理咨询师寻求帮助，他们可以为你提供情感支持和客观建议，帮你更好地应对冷暴力。

（5）评估关系的价值。当人际关系中的冷暴力持续且无法通过沟通或设立个人界限加以改善时，你就要评估这段关系是否值得继续。若发现这段关系已经对你的身心健康造成了严重伤害，那你就要果断退出，让自己免受进一步的伤害。

（6）自我照顾。在遭受冷暴力时，关注自己的情感和心理健康尤为重要。比如，通过定期运动、绘画等方式适度表达情感、开展社交，来达到休息与放松的目的，等等。这些自我照顾的方法，能帮助自己在遭受冷暴力后保持心理健康和情感的平衡。

当冷暴力冲击你时，你一定要将生活的重心放在自己身上，爱自己才是免受冷暴力冲击的最优解。

为何越来越多的人遭受冷暴力

　　快节奏的现代生活让人们的交流频率逐渐降低，情感上的互动也变得越来越少。许多人在遇到人际关系问题时，不再愿意耗费时间和精力去沟通和解决，而是选择沉默，甚至有意疏远对方，以避免直接的冲突。

　　此外，随着个人对独立性和隐私空间的重视，人与人之间的情感联系变得松散，他人的需求和感受往往被忽视。这种疏离感使得一些人在面对矛盾时，更倾向于通过冷漠来表达不满或控制局面，而不是积极寻找解决办法。

冷暴力现场

一个陌生人的留言

我性格开朗，因此结交了不少朋友。然而，最近我察觉到我的朋友似乎开始疏远我。我发起的聚会，响应的人日渐减少，朋友们也似乎总是有事而无法参加，曾经的热闹不再。

我在社交媒体上分享动态，也鲜少有人点赞或留言。我感到困惑，不明白发生了什么，也不清楚自己是否做错了什么。更令我沮丧的是，即便我出席他人的聚会，似乎也无人关注，我感觉自己仿佛隐形了。这种感觉让我非常痛苦，我试图联系旧友，探询缘由，但大家的回应都显得有些冷漠。这个过程让我感到极度无助，最终，我无奈地选择了淡出大家的视线。

一位心理医生的回复

的确，沟通的缺失给人际关系造成了明显的裂痕。随着生活节奏的加快和社交方式的变化，人们越来越依赖简短的电子沟通，忽视了面对面的深度沟通。这种表层化的沟通导致情感疏远和误解积累。当矛盾无法通过沟通得到解决时，冷漠和忽视逐渐取代了关心，形成冷暴力，最终导致人际关系越来越疏远甚至破裂。

沟通缺失：让越来越多的人成为冷暴力的受害者

缺少沟通如同置身于一台"情感冰箱"，这会渐渐演变为冷暴力的温床。那么，哪些人更容易成为冷暴力的受害者呢？

（1）自尊心较低的人。那些自尊心较低、对自己缺乏信心的人，往往在面对冷暴力时更容易感到无力和无助。他们可能会将对方的冷漠视为自己的错，进而试图通过更加顺从或迎合的行为来挽回对方的关注，但这种做法往往会让他们的陷入更深的冷暴力旋涡中。

（2）依赖性强的人。依赖性强的人，尤其是在情感或经济上高度依赖他人的人，他们可能会因为害怕失去这段关系而忍受冷暴力，甚至会容忍长期的冷漠和忽视。

（3）渴望被认同和接纳的人。那些非常渴望被他人认同和接纳的人，可能会在冷暴力中不愿反抗或离开，因为他们害怕被进一步排斥。他们往往会将对方的冷淡行为归咎于自身，认为自己必须更加努力才能赢得对方的关注和爱。

（4）不擅长表达情感或需求的人。一些人由于性格内向、害羞或缺乏沟通技巧，不善于表达自己的情感或需求。当他们遇到冷暴力时，可能更难以采取有效的应对措施，也更容易被困在沉默和孤立中。

（5）习惯性忍让或回避冲突的人。那些习惯性忍让或回避冲突的人，可能更倾向于忍受冷暴力，而不是去面对和解决问题。他们可能认为忍耐可以避免冲突的升级，但这种做法往往会让问题变得更为严重。

（6）处于权力不对等关系中的人。在一些权力不对等的关系结构中，如上司与下属、年长者与晚辈，处于弱势地位的一方由于权力结构失衡而被单向压制，他们可能难以反抗或表达不满，导致被长期冷暴力。

（7）有创伤经历的人。有过心理创伤经历的人，特别是那些曾经在家庭或其他关系中经历过冷暴力的人，更容易在新的关系中重演这一模式。他们可能会因为过去的创伤而变得更为敏感和脆弱，无法有效应对类似的情境。

一个人有这些特征并不意味着他必然会成为冷暴力的受害者，但它们可能使个体在面对冷暴力时更为脆弱。了解这些因素可以帮助人们更好地识别和应对冷暴力，保护自己的情感和心理健康。

教你摆脱冷暴力的攻击

以下是给不同类型的冷暴力受害者的应对建议。

（1）提升自尊心。每天早上，花几分钟写下自己当天要达成的小目标和自己的一些优点。去关注自己，即使是完成简单的事情，比如整理房间或完成工作任务，都会让你感到自信和满足。这些小小的成就感能帮你逐渐摆脱对他人认同的过度依赖，增强自我价值感。

（2）减少依赖。为了减少对单一关系的依赖，你可以参加一些兴趣班，比如绘画班和瑜伽班，这不仅能让你结识新朋友，也能帮你发展独立的社交圈子。你还可以关注自己的职业发展，参加一些职业技能提升课程，确保自己在经济上和情感上更具独立性。

（3）增强沟通技巧。在与朋友或家人发生误会时，不再像以前那样保持沉默或回避，而是练习用"我"开头的句子表达感受，比如"我感到被忽视"。之后你会发现，这样的表达方式卸下了对方的防御心态，更容易让对方理解你的感受。你也可以尝试"共情"对方，理解对方的立场，来表达自己的困惑和感受，进而寻求双方都能接受的解决方案。

（4）直面冲突。如果你以前习惯回避冲突，那现在你就要尝试面对这些冲突。每次遇到小矛盾时，你要练习表达自己的意见，不再一味地忍让。你也要学会在冲突中提出协商，避免冷暴力成为处理问题的默认模式。

（5）处理权力不对等的关系。在职场上，当你意识到与上司的关系存在权力不对等时，可以开始更多地了解自己的权益，并在必要时向上级或人力资源部门寻求支持。同样，在家庭关系中，你也要逐渐意识到自己可以寻求其他家庭成员的支持，而不仅仅依赖单一的权威人物。

（6）应对创伤经历。如果曾有过被冷暴力伤害的经历，你可以尝试通过心理咨询来治疗这些创伤。在咨询师的帮助下，你能够学会如何处理过去的痛苦，并避免在新的人际关系中重演相同的模式。多与支持你的朋友互动，以此来增强自己的安全感，减少冷暴力引发的焦虑和不安。

此外，设立和维护个人界限等方法同样可以帮你摆脱冷暴力的攻击。这些应对建议主要是帮助冷暴力受害者保护自己、改善现状。只有积极采取行动，冷暴力受害者才可能逐步恢复自信，重新建立健康的人际关系。

识破冷暴力的伪装

在情感关系和人际交往中，冷暴力是容易被忽视的心理控制方式。尽管它看似隐蔽且不具备直接侵略性，但其长期的影响可能十分深远。许多人对冷暴力的认知存在严重的误区，导致他们无法及时识别或应对。

人们习惯将冷暴力误解为一种避免冲突、冷静处理问题的方式，然而实际上它是一种情感操控，通过忽视或疏离来达到控制的目的。此外，许多人低估了冷暴力的破坏性，认为它不会对心理健康产生重大影响，殊不知长期遭受冷暴力会导致受害者的自尊心受损、焦虑加重。

冷暴力现场

一个陌生人的留言

我刚加入一家新公司，入职以来一直努力工作，积极融入团队。但是，我发现上司李经理从一开始对我的态度就非常冷淡，我早上在公司遇到他时经常说："早上好。"他不仅像没听到一样，还像没看到我一样。他几乎不和我做任何的深度交流，也从来不会主动给我派一些重要的工作任务。特别是公司开会时，每当我主动为项目提出建议和意见时，他都会直接无视或者轻描淡写地否定。

时间一长，我就感觉整个团队的氛围冷冰冰的，同事们不知道什么原因开始跟我走得越来越远，也不再邀请我参与团队活动和讨论。尽管我在公司从未和他人有过公开的冲突，但我明显感受到自己被排除在集体之外。我都不愿意上班了，公司的氛围真的太压抑了。

一位心理医生的回复

冷暴力常常在不易察觉的情况下发生，它表面上没有明显而激烈的冲突，但通过长期的冷漠、排挤和忽视，会给人带来长久的创伤。因此，在生活中不仅要关注显而易见的矛盾，更应警惕这种隐形的冷暴力对个人心理健康和职业发展的负面影响。

在日常的生活里，人们对冷暴力的认知常常存在着几个误区。

首先，许多人误以为冷暴力不属于暴力范畴。因为人们普遍认为暴力必须是身体上的伤害或是言语上的直接攻击，而忽略了冷暴力的存在，甚至将冷漠、疏远、忽视等行为当作个性差异问题，认为它们不属于暴力行为。事实上，尽管冷暴力看似没有造成实质伤害，它依然会对受害者造成情感压迫，损伤自尊，严重时甚至会引发抑郁等心理问题。

其次，沉默被视为一种解决冲突的方式。很多人认为，面对问题时保持沉默可以避免冲突，是一种有效的处理方式。实际上，不回应或者冷处理问题只能短暂缓解紧张情绪，而不能从根本上解决问题，时间一长，冷淡的态度不仅会加剧矛盾，还可能会让冲突升级。

最后，"被冷暴力的一方要看得开"也是一种常见的误解。这种认知本质上是要求受害者主动忽视伤害，最终只会加重他们的自我怀疑和无助感。这些认知误区会导致受害者无法及时得到支持与帮助，并且会增加心理问题的发生概率。

只有正确认识和理解冷暴力，才能帮助更多人走出冷暴力带来的心理困境。

以下是几种精准识别冷暴力的方法，这可以帮助我们识破冷暴力的伪装，让每个人都不再受到伤害。

（1）洞察无声的对话。在一段关系口，要留意无声的对话，即对方是否常常通过沉默、不回应、不争吵来逃避问题。

（2）察觉情感上的忽冷忽热。忽冷忽热是冷暴力的常见表现，对方时而关心你，时而冷漠无情，这会让你感到困惑和不安，这种情感操控的方式，会让受害者长期处于不安的状态，最终被对方掌控。

（3）分辨逃避与对抗。当你发现对方总是在回避问题，同时还把矛盾推给你，一定要警觉，这是冷暴力的表现，不要被这种逃避的行为迷惑。

（4）识别情感勒索的现象。在人际关系中，有一方总是通过冷淡的态度让你感到内疚，令你感觉自己是问题的根源。你可能会为了避免被冷漠对待而不断改变自己、妥协退让，从而让施暴的一方通过情感勒索达到情感操控的目的。

（5）辨别持续性的行为。人们常常无法分清到底是情绪波动还是冷暴力，关键的一点就是观察对方的冷漠是短暂的，还是长期的。偶尔的情绪波动是正常的，但是长期保持冷冷的回应，拒绝沟通的行为，无疑是冷暴力的表现。

冷暴力如何逐渐侵蚀内心

当一个人在一段关系中长时间、反复地面对冷暴力时，心理上受到的侵蚀是缓慢而深远的，它是逐渐削弱人内在力量的一种伤害，令人失去对自我的信心和对关系的希望。无论是谁的冷淡处理方式，都会让另一方质疑自己是否被爱、是否值得被关心。随着冷暴力的持续，受害方可能会不断否认自己，迎合对方的需求，试图打破沉默。这种心理状态会使人进入一个恶性循环，越得不到回应，越感到无力，最终陷入情感崩溃的深渊。

一个陌生人的留言

我女儿大学毕业后，就留在城市工作，算是个白领吧，收入还不错。生活好起来后，她说我独居在乡下她不放心，就把我接到城里生活。但是她平时工作太忙了，还总出差。她回家的时候，我怕她太累也不敢打扰她。有时候，我等到她很晚回来，问她吃了没有。她要么说一句"太累了"，要么一句话也不说就回房间了。我都好久没和女儿好好说说话了。虽然住在一个屋檐下，但看到她的时间并不多。过节时，我打电话问她想吃什么，她总是没说两句话就挂了电话。我感觉我还不如在乡下待着呢。

一位心理医生的回复

子女长大成人，有了自己的生活节奏和方式，确实可能会因为工作忙碌而忽略了陪伴父母、与父母沟通。作为父母，既想靠近又怕打扰孩子，这确实让人很煎熬。或许你可以试试用温暖的便签代替等待，用文字来拉近你与女儿间的距离。

冷暴力就像慢性毒药，会悄无声息地侵蚀人们的内心世界，并带来深重而难以察觉的损害。

首先，沟通能力的退化。长期处于冷暴力环境中的人，往往会丧失沟通的欲望和能力，一次次地尝试沟通都没有得到回应，会让人感受到被无视，逐渐形成害怕表达内心想法的习惯。这种沟通能力的削弱，不仅会体现在特定的关系中，也会体现在与其他人的交流中，使人在人际关系中变得更加内向和封闭。

其次，情感疲惫和精神倦怠。沉默对人的侵蚀是一种长期的情感消磨的过程。被长期忽视的人，内心会充满极度疲惫感。这种感受会让人失去生活的动力和热情，精神处于倦怠状态，因而在面临生活中的挑战时，缺乏足够的精力和耐心。

最后，信任感瓦解。当一个人的需求被长期忽略，个体对他人的信任感会逐渐崩溃。受害者会觉得无法依赖他人，甚至对所有亲密关系持怀疑态度。这种丧失信任的心态，会使人在社交和情感关系中始终保持着戒备的状态，难以建立健康的情感联结。同时，这也可能引发一些心理疾病。

如何及早发现冷暴力的迹象

在一段人际关系当中，如果你感受到对方频繁无视你的情感需求、你的意见得不到重视，或者对方总是回避沟通，用沉默来回应分歧和冲突，这很有可能就是冷暴力的早期迹象。

冷暴力现场

一个陌生人的留言

　　我和男友交往三年了，最近我感觉男友变了。过去他每天都要和我说很多贴心的话，而现在和我之间的对话只剩下简单的"嗯""哦"。当我试图分享自己的烦恼时，他要么一句话不说，要么就皱着眉头，表现出很不耐烦的样子；当我生气地直视他时，他甚至开始回避我的目光。我总觉得这样下去不是办法，便尝试和他沟通我们之间的问题，但是他不是说忙就是说累，还说我想太多，没事找事。

后来，我开始反省：是不是我要的情感真的太多了，总给别人"惹麻烦"？因此，我越来越在意他的言行，只要他一抿嘴，我就觉得我哪里做错了，哪怕我不知道自己究竟做错了什么。我也一直在尽可能地满足他的要求，但是，这并没有换来他的改变，我还是过得很憋屈。现在，我和别人相处时，只要别人看我超过三秒，我就会觉得自己哪里做得不好，或者是觉得自己犯了什么错误，我非常怕别人不喜欢我。

一位心理医生的回复

在亲密关系中，一方的行为有情感疏离的状态出现，就会让另一方感到焦虑和不安。而且如果在这段关系中长时间得不到积极回应，那么你就会开始质疑自己的价值，长此以往，这种情况也会演变为"习得性无助"，就是你感觉无论自己怎么努力，最终都无法改变现状。这会削弱你的自信心，导致你在社交情境中感到不自在，甚至对他人的眼光变得敏感。

在人际关系中，故意忽视对方的意见与存在感，减少互动，缺少关怀，这都是情感疏离的早期信号。以下几种方法可以帮你更早地识别冷暴力。

（1）沟通中的被动攻击。关系中的一方通过被动攻击的方式回应另一方，比如"不就是这样吗"或"这没什么好说的"等暗示性语言，这种消极回应，不正面表达不满，通过冷淡行为表露自己情绪不快的方式，都是冷暴力的早期迹象。

（2）互动频率的变化。如果对方不再愿意与你做过去喜欢做的事情，减少共同出行或聚会的频率，主动回避你们的共同圈子，甚至减少身体上的接触，比如不再拥抱、牵手等，这就表明冷暴力可能已经开始了。

（3）推诿责任的行为模式。当你尝试讨论关系中的问题时，对方可能会将责任推到你身上，或者拒绝承认存在的问题。对方对你提出的话题不感兴趣，甚至敷衍了事，不再关心你所经历过的事。这样的行为方式的转变，都是冷暴力的表现。

（4）忽略你的需求。在健康的关系中，双方应互相提供情绪价值。如果对方不再关心或回应你的情感需求，甚至刻意减少见面、打电话或发信息的频率，主动制造物理和情感距离，这就是冷暴力的明显预警信号。

（5）情绪波动是冷暴力最显性的信号。对方情绪波动变大，对小事表现出极大的不耐烦和冷漠；对方开始忽略你的存在，不主动沟通和交流，同时也不再与你分享内心感受，甚至完全回避深层次对话，导致关系的亲密感逐步降低；等等。这些都是冷暴力早期的显性信号。

（6）身体语言的暗示。对方变得越来越抗拒身体接触，频繁回避眼神，这可能意味着冷暴力的开始。此外，你要开启情绪感知系统，才能敏锐观察到这些细节，避免自我心理受到损害。

　　当你察觉到以上这些信号后，应尽早警惕情感勒索，与对方进行坦诚的沟通，表达真实感受和明确自己的情感需求，以防止这种相处方式成为双方关系的常态。如果沟通元效，则应寻求外界的帮助，以便及时处理关系中的危险信号。

　　敏锐地捕捉到这些冷暴力的早期迹象，有助于你及时采取行动，从而防止冷暴力对你的情感健康产生长期的负面影响。

第二章

施暴者：为何
冷暴力成为他们
的武器

冷暴力是许多人经历过却往往难以意识到的伤害手段，施暴者通过这种方式逐步削弱受害者的自信心，突破他们的心理防线。

冷暴力背后的动机——对权力与控制的渴望

"你怎么又不说话？你一直这么晾着我，到底想怎样？"

"我没什么可说的。随便你。"

在生活中，这样的对话场景是不是经常出现？在人际关系当中，一方尝试沟通，另一方采取不回应、不解释的态度，会使尝试沟通者感到无形的压力，不得不去揣测另一方的情绪、意图，乃至对整段关系的看法。此时，关系的主导权往往在不回应的另一方的手里。

冷暴力现场

一个陌生人的留言

明仔是我的堂弟，我们表面上相处融洽，但一有矛盾，他总是低着头，一句话不说。前几天，他借了我的车，结果出了车祸。我到现场后，发现他一句话也不说，只能我去和对方沟通。后来我尝试问他事故是怎么发生的，他却低头玩手机，一句话也不说。

他这样子让我像一拳头打在棉花上，一点儿办法也没有。回到家里他爸妈问起时，他还是这个态度，一个字也不说。他这样的状态让我很崩溃，当着长辈的面，有火发不出，有理说不清，气得我胸闷难受。

一位心理医生的回复

你的堂弟就是用冷暴力在控制你们之间的关系。当矛盾出现时，他的反应很简单，就是拒绝回应，这就导致你会焦虑不安。他深知你不能拿他怎么样，而且还会帮他处理麻烦，让他无需承担责任。

冷暴力中的沉默不仅是一种逃避，更是掌控欲的体现。你的堂弟通过沉默让你心理失衡，促使你在关系中让步，以维持表面的和谐。

冷暴力背后的动机到底是什么

生活中冷暴力的施暴者喜欢掌控，这能让他们在关系中保持主导地位，来满足自己的安全感。这种控制行为使他们感到自己掌握了局势，同时也能减轻自身的不安和不确定感。

在关系中，掌控欲常有以下几种表现。

（1）通过"不作为"争取优势。沉默实际上是施暴者为了在冲突中占据主导地位，而不是为了真正解决问题。通过不回应和冷漠对待，他们就能成功地在情感上占据优势，迫使受害者屈从，从而控制关系或事件的走向。这种权力博弈隐蔽而深刻，它不像肢体暴力那样显而易见，但却在日复一日的冷战中逐渐消磨了受害者的自信和自我价值。

（2）拒绝情感交流增加受害者的失控感。在沉默背后的权力博弈中，施暴者通过不言不语获得了对情感局势的掌控权，而受害者则在无形中被引导着失去自我表达的空间和对关系的主导权。

（3）通过情感剥夺制造心理压迫。在冷暴力的关系中，施暴者通过沉默来使受害者陷入一种无形的压迫，感到无助甚至焦虑。这样施暴者就可以随意掌控关系的节奏和走向，使权力倾斜到自己这一方。这种隐蔽的权力操作不仅破坏了关系的平衡，还对受害者的心理健康造成了负面影响。

如何搭建自我认知护盾

长期处于无形的情感压迫中的关系，个体往往容易陷入焦虑和抑郁等严重的情绪泥沼，甚至很多时候难以意识到自己正被操控。

要想抵挡这种情感操纵，搭建坚实的自我认知非常重要，你可以试试以下几种方法。

（1）增强情绪觉察能力。冷暴力能操控受害者主要是因为受害者无法准确识别自己的情绪。因此，培养情绪觉察能力尤为重要。通过正念练习和情绪标签，你可以学会观察自己的情绪，而不是被情绪控制。比如，当你感受到冷暴力带来的不适时，不要立即反应，而是花几分钟进行深呼吸，冷静地识别自己的情绪。这样做可以将情绪从潜意识层面带到意识层面，帮你更好地理解和管理自己的情绪，减少其对你的影响力。

（2）强化自我的边界感。设定边界在应对冷暴力时非常重要。许多人面对冷暴力时选择沉默，以避免引发更大的矛盾，但这可能会让施暴者认为他们的行为是可以让人接受的。因此，勇敢且清晰地表达自己的需求和底线至关重要。比如，你可以说："我注意到你最近对我表现得很冷淡，这让我感到不舒服。我希望我们能够敞开心扉，真诚地沟通，而不是沉默应对。"这种明确的沟通能帮你设立清晰的情感边界，并提醒对方他们的行为是不被接受的。这不仅保护了你的情感健康，也有助于促进双方更有效地沟通。

（3）进行反思与自我验证。冷暴力常见的效果之一就是让受害者质疑自己的价值和判断。因此，自我验证是非常重要的。这一过程包括定期反思自己的行为和价值观。避免陷入对方的操控陷阱。你可以通过记录每天的情绪起伏和互动体验，更好地识别冷暴力的模式，并保持自我意识的清晰。时常问自己："这种感觉是我的真实感受吗？我在这段关系中的价值是什么？"这些问题有助于你摆脱外界的操控，回归自我的中心。

（4）学习应对卡与心理演练。应对卡是认知行为疗法中的一种工具，可以帮你在遇到冷暴力时快速回到理性状态。准备一些应对卡，上面写上"我可以如何应对这种情况？"或"我有哪些积极的选择？"。这些卡片可以帮你快速想起有效的应对策略。心理演练是一种心理技术，通过在脑海中重复模拟某种情境来增强自信，提高应对能力。你可以通过想象自己在面对冷暴力时，如何冷静地表达需求和设立界限，以提高自己的反应能力。

用反制破解施暴者的内心戏

生活中，你可能会发现即使没有争吵，也感到莫名压抑；虽然对方什么都不说，但你却倍感疏远。

冷暴力现场

一个陌生人的留言

我今年刚从大学毕业，父母表面上很支持我，总是说："你自己决定未来的路。"然而，当我和他们谈到想去外地发展时，他们并不愿意沟通，只说"你走了，家里没人陪我们了"或者"你不在家，我们要是生病或有事，也不知道该怎么办"。他们没有明确反对我去外地工作的计划，但让我产生很大的心理压力，让我觉得去外地工作就是不孝顺。这种负罪感让我最终放弃了去外地工作的想法。

一位心理医生的回复

父母通过传达"你不在，我们会很孤独"的想法，利用情感上的依赖无形中操控了你的选择。他们对你计划去外地工作这件事表现出回避沟通的态度，用自身情感来捆绑你，以达到操控你自由选择的目的，让你不得不受限于他们的情感需求，从而放弃个人的追求。

以下提供四种策略，供你有效破解施暴者的内心戏，进而避免冷暴力带来的侵害。

（1）利用"情感时间"，掌控冷淡局面。当面对冷暴力时，施暴者常常希望你在情感上被动地等待他们的回应。打破这种局面的一种方法是设定"情感时间"。这是你为自己设定的一段时间，在这段时间内，你允许自己感到困惑或焦虑，一旦时间结束，你将主动做出选择，而不是等待对方先行动。

比如，你发现对方几天不理睬你，先设定一段缓冲时间，比如两天。在这段时间内，你可以观察自己的情绪；一旦时间结束，你可以主动提议沟通，或决定接下来如何处理这段关系。这种方式可以帮你掌控节奏，不再被动等待。

（2）通过"情感断舍离"，减少操控者的影响。施暴者常常通过无声操控让你产生情感依赖，试图将你牢牢控制在他们的情绪之下。应对这一点，可以运用"情感断舍离"的方法，逐步减少对施暴者的情感关注，并专注于自我照顾和独立成长。

你可以试着减少每天对对方情感反应的依赖，比如少关注对方是否联系你、回应你等。把精力放在自己的兴趣爱好和其他人际关系上，重新找回生活的重心。这种策略可以让你从情感依赖中抽离出来，不再受控于施暴者。

（3）应用"情感备忘录"，识别冷暴力模式。在长期冷暴力的关系中，受害者往往会忘记曾经的冷战经历，陷入"每次都像第一次"的迷惑中。通过记录"情感备忘录"，你可以清晰地识别出对方冷暴力的模式，并掌握应对的策略。

比如，在每次发生冷暴力时，记录下时间、对方的行为、你的情绪反应以及你尝试应对的方法。随着时间的推移，这个情感备忘录会帮你发现对方的操控模式，并让你有针对性地调整自己的应对方式。

（4）采用"情境反转法"，改变冷暴力的情感重心。施暴者通过情感上的冷淡和抽离保持对你的心理控制。为应对这一点，你可以使用"情境反转法"，即不再将重心放在对方的沉默上，而是聚焦在自己的成长和生活质量的提升上。

比如，当对方陷入沉默时，不要反复尝试打破沉默，而是将注意力集中在自己的职业发展、个人兴趣或社交活动上。通过这种反转，你不再被对方的冷淡影响，反而在沉默中获得了个人成长的机会。

他们为何会有越界的优越感

在日常生活中，有些人总是怀有一种优越感。这种优越感并非单纯地源于实际的能力或地位，而是对权力的掌控欲，他们通过贬低他人来实现内在的满足。这种越界的优越感让他们获取了一种独特的快感。

那么，他们为什么会在这样的行为中感到畅快呢？这背后是自我认知的扭曲，还是社会压力的影响呢？

这种越界的优越感源自脆弱的"心理代偿机制"。当个体无法在健康维度建立自我价值坐标时，会本能地转向"向下比较"——通过制造人为的等级差，暂时填补内心的不确定感。

冷暴力现场

一个陌生人的留言

每年过年时的家庭聚会上，我表姐总会拿自己的孩子和我们这些亲戚的孩子做比较。她的语气里总是带着一些炫耀感："我家孩子又拿了全年级第一，最近还在学围棋，进步超快。"虽然她看似是无意间提起的，但我们都能感觉到她想通过孩子的表现来展示自己是个"成功的母亲"。

每当我提起自己孩子的点滴进步，她总是说："你们加把劲儿，慢慢会好的。"这让我非常不舒服，她似乎在通过这种方式巩固自己的优越地位，满脸都写着"只有我的孩子最好""我才是最成功的母亲"。

一个心理医生的回复

在家庭聚会中，你表姐通过微妙的比较，以隐性的方式施加压力，用带有优越感的话语贬低他人，使其他人感到无形的压迫。

你表姐的行为是源于内心的不安全感。她可能无法通过直接沟通表达焦虑，只能通过孩子的成就和比较来巩固自己的优越感，避免面对内心的不安。而你会因为"被比较"产生的隐形压力而感到无力。

施暴者如何将越界行为正当化

在冷暴力环境中，施暴者常常会通过以下几种方式来正当化自己的越界行为。

（1）先降低伤害认知。比如，他们会淡化冷暴力的影响，认为自己的优越感并没有给他人带去实质性的身体伤害。他们认为只让自己好受就行了，别人的事和自己无关，只是说了几句"你们都不如我"，又没有伤筋动骨，从而减轻自我的内疚感。

（2）包装高尚动机。有些施暴者会将自己的优越感包装成"这都是为你好"。比如，他们可能声称："你不行，就回去好好反思。""你不好才需要成长啊！"他们试图将伤害行为转化为"帮助"或"教育"。

（3）转移责任。他们总是归咎于受害者，认为是对方的态度或行为让自己展示优越感的。比如说："没办法，谁让你孩子不够优秀呢？"这样的语言使优越感合理化，听起来是被动优越，而非主动中伤他人。

（4）借助社会规范或文化背景。比如在家庭环境或是职场中，他们认为权威是通过不平等的打压来建立的，或是通过压制他人而获得尊重，从而使其越界行为合理化。比如说："我是你领导，难道还能是我错了吗？"

怎样反击冷暴力中的边界侵犯

面对边界侵犯，建立有效的应对策略，明确自己的心理边界，采取行动保护自己是很重要的。

（1）主动设置边界。你可以选择减少与对方的接触，甚至暂时切断联系。比如，你可以告诉对方："我觉得我们现在的互动让我不舒服，所以我打算减少和你的联系，直到我们都能冷静地面对问题。"通过减少接触，你表明自己不再被动忍受，而是主动掌控互动的节奏和内容。

（2）限定采取行动的时间。你可以要求对方在一定时间内回应你，并表明如果对方不采取行动，你将采取下一步措施。比如，你可以说："我希望我们能在接下来的几天里讨论一下这件事。如果你仍然选择不回应，我会认为你不希望继续沟通，我们可能需要暂时分开。"这一方法为对方施加了适当的压力，并预示了下一步行动，从而避免长时间被冷暴力。

（3）保持冷静，不被情绪操控。为了不让对方掌控你的心理状态，你可以说："我明白你现在不想谈论这件事，但我希望你知道，我不会因为你的沉默而感到沮丧或愧疚。我会继续做我的事，等你准备好了，我们再讨论。"通过保持冷静，你避免了被对方的冷漠行为影响，从而保留了自己的情感平衡。

冷暴力中的边界侵犯往往隐蔽但却具有深远的破坏性。每个人都应该学会为自己争取尊重和理解，这既是对自己情感的保护，也是维护健康关系的必要步骤。

自我困境：施暴者也会受伤吗

冷暴力不仅是对他人心理的无形压迫，施暴者自身也被困在这种情感博弈中。有句话是："你拒绝面对的，将以另一种方式回到你的生活中。"施暴者通过回避情感沟通，试图控制局面或保护自己免受情感伤害，但事实上，他们正在自我孤立，失去与他人建立深层联结的能力。

心理学研究表明，情感压抑和逃避冲突往往会加重内在的不安与焦虑。当施暴者选择通过冷暴力处理冲突时，他们同样承受着内心的焦灼和孤独。长此以往，不仅破坏了外部关系，也让他们更加难以走出心理的自我设限，陷入孤立和情感失落的深渊。

一个陌生人的留言

我是一个对孩子学业要求严格的父亲。儿子进入青春期后成绩下滑，经常无法达到我对他提出的高要求，有时甚至顶撞我。每当我感到愤怒或失望时，我就晾着他，不搭理他，也不和他说话，吃饭也不叫他。

一开始因为我不管他，他很开心，后来当他想跟我说话，让我去开家长会时，我为了让他达到我的要求，假装听不到他的话。时间长了，原本顽皮、开朗的儿子性格变得内向了，常常把自己关在房间里，甚至放学后不愿回家。

我本来是希望通过不理会他，让他反思并努力学习，但没想到这种方法不仅没让他上进，反而让我们逐渐疏远，我感到非常无力和矛盾，不知道该如何修复亲子关系。

一位心理医生的回复

您作为父亲，通过把孩子晾在一边的方式以应对他的反抗，实际上是一种情感回避的表现。虽然你希望借此让孩子反思并提升成绩，但忽视了孩子青春期的叛逆和情感需求。你可以通过开放的沟通和支持来修复关系，关注孩子内心的成长，而不是单纯地看孩子在成绩上的表现。

施暴者的冷暴力行为

冷暴力的施暴的行为会表现出对内心问题的回避和压抑。以下是五种常见的冷暴力行为。

（1）频繁使用手机或其他电子设备，逃避沟通。冷暴力的施暴者通过手机、电脑等电子设备避免面对面交流。他们借助虚拟世界逃避现实中的情感问题，这通常反映出他们对处理冲突或深入情感交流的恐惧。过度使用这些设备不仅是逃避的表现，也是避免直视自身情感问题的一种手段。

（2）以忙碌为借口，逃避人际关系。很多冷暴力的施暴者会假借工作繁忙，故意延长不在家的时间，借此避开与家人接触。这种行为反映了他们对亲密关系的恐惧以及对情感接触的回避。他们把注意力转向工作，试图逃离情感问题，避免面对内在的情感冲突。

（3）面对问题态度敷衍。当受害者试图讨论问题或表达情感时，施暴者可能通过敷衍或不耐烦的态度来回应。他们内心抵触问题，害怕深入的情感对话。他们宁愿以最简短的方式结束对话，也不愿面对情感上的对抗或压力。

（4）时常出现情绪波动。冷暴力的施暴者时常会表现出情绪波动，时而愤怒，时而冷淡。这种波动性反映了他们内心深处的冲突和不安，他们可能会因为无法控制情绪而突然爆发，但很快又会恢复冷淡。这种情绪的交替展示了他们对失控的恐惧，以及在人际关系中不稳定的心理状态。

（5）社交孤立，减少与外界联系。有些施暴者会刻意减少社交活动，不与亲友联系，甚至对伴侣的社交圈子表现出冷淡或排斥。他们通过孤立自己来避免面对情感上可能带来的不适或冲突，这种孤立行为是他们逃避内在情感困境的一种外在表现，反映出他们对人际关系的不信任和自我保护心理。

施暴者在冷暴力行为中的表现，也是他们内心受到情感困境的外在体现。如果能够更好地理解这些表现，有助于更加深入地认识他们的心理状态和情感需求。

直面施暴者心理困境的来源

冷暴力的施暴者的行为背后往往隐藏着复杂的心理困境。理解这些困境有助于更好地认识他们的内心活动，以及为何他们会通过冷暴力来应对情感和人际关系问题。

（1）情感压抑与表达障碍。冷暴力的施暴者往往不善于或无法以健康的方式表达自己的情绪或需求。当他们感到沮丧、愤怒或失望时，选择以冷漠、回避来应对。这种情感压抑使他们表面看起来平静，实则内心情感波动剧烈。

（2）对人际关系的恐惧与焦虑。冷暴力的施暴者往往对人际关系感到不安和焦虑。他们害怕在关系中失去自我或被对方控制，因此通过冷漠的态度与对方拉开距离。这种情感回避虽然让他们暂时避开关系中的冲突，但也让他们陷入情感孤立的困境，难以建立深层次的亲密关系。

（3）未解决的童年创伤。有些人在童年时期处于缺乏情感支持的家庭环境，导致他们在成年后以同样的方式处理冲突和情感问题。他们习惯通过情感隔离来保护自己，而这种保护机制同时也让他们难以建立健康的情感联系，进而陷入自我封闭的困境。

（4）控制欲与无力感的交织。冷暴力常常是施暴者试图控制关系的一种方式，通过控制沟通来影响受害者的情绪和行为。他们可能在生活中感到失控，冷暴力成了他们在感到无助时唯一可以掌控的工具。然而，持续的控制欲让他们陷入孤立，无法真正健康地互动，进而加剧他们内心的孤独。

（5）低自尊与脆弱的自我认同。冷暴力的施暴者可能存在自尊心极低，缺乏自我价值感的情况。他们对自己在关系中的定位感到不安，担心自己无法满足对方的期望或在关系中处于弱势，因此选择用冷暴力来掩饰内心的脆弱。他们通过冷淡和疏远的态度来保持心理上的优越感，避免面对内心的自我怀疑，但这同时也让他们深陷心理困境。

无意识地加害，他们真的不知道吗

　　人们往往会在无意间伤害到他人，这很可能是由于人们对他人感受的忽视和对自身责任的逃避。因此，我们需要时刻反思自己的言行，关注他人的感受，努力避免在无意中伤害他人。

冷暴力现场

一个陌生人的留言

　　我和男朋友最初感情挺融洽的，但随着时间的推移，男朋友对我冷淡起来，开始频繁和别的异性聊天。我发现后感到很受伤，试图沟通。但他不仅不反思，还责怪我说："我和别人聊，还不是因为你太无聊了。"这话听着好像都是我的错。

一个心理医生的回复

你的男友将责任推给你，这样他就可以回避自己的不当行为。同时他为了减轻自己的愧疚感，还在不断为自己辩解。当他合理化自己的伤害行为时，就是在逃避他对感情的责任，无视你的感受。他利用这种心理机制就可以很轻松地将伤害转移给你，从而逃避自我反思。

施暴者如何合理化自己的行为

在冷暴力的情境中，施暴者往往通过自圆其说来合理化自己的行为，从而逃避自我反省和需要承担的责任。比如，施暴者的以下表现：

（1）喜欢否认。施暴者可能会完全否认自己存在冷暴力行为。比如，当被指责忽视或冷漠对待伴侣时，他们可能会说"我根本没有那样做"，或者"你太敏感了，这只是你的想法""别没事儿找事儿"。

（2）为自己找理由。施暴者会为自己找到看似合理的解释，避免自责，比如"我之所以不理你，是因为你老是和我吵架"，或者"我在冷静地解决问题，而不是情绪化"。

（3）将自己行为带来的伤害最小化。施暴者往往会否认自己的行为会给受害者带来严重的伤害，比如："我不过是想要一点儿空间，这有什么大不了的？"或者："你为什么要把事情看得那么严重？"

（4）投射行为。施暴者可能会将自己的问题或不良行为投射到受害者身上，认为是对方有问题。比如："你才是那个进行冷暴力的人，是你先冷落我的。"

（5）分裂行为。施暴者可能会在对待他人和对待受害者时采取完全不同的态度，从而塑造一种"好人"的形象，掩盖其对受害者的冷暴力行为。他们可能会在公众场合表现得非常友善，而在私下却进行冷暴力行为。

这些自我欺骗的方式会使施暴者继续其对他人的冷暴力行为。

揭穿施暴者的假道德感

在冷暴力的关系中，施暴者常常站在道德的高点，掩饰其对他人的情感操控与伤害。识破他们的逻辑矛盾和伪善，可以帮助受害者摆脱被操控的困境，重建健康的沟通模式。

（1）揭露受害者角色的道德操纵。施暴者往往会采用受害者角色来为自己的冷暴力行为开脱，声称自己的行为是被逼无奈的。比如，他们可能会说："如果不是你让我感觉不被尊重，我也不会这样对你。"这种说法其实是一种道德操控，试图将责任推给受害者。面对这种情况，受害者应明确指出逻辑上的不合理，表达冷暴力是施暴者的选择，而非受害者的错。同时，专注于批评行为而非攻击人品。比如："当你几天不跟我说话时，我感觉被忽视。"这种表述聚焦于行为，避免让对方产生强烈的防御反应，有助于他们意识到自己的行为伤害了他人。

（2）解析沉默是金的伪善立场。在施暴者以"沉默是避免冲突的一种方式"为由来为冷暴力正名时，受害者可以指出："你把冷暴力美化为一种沉默的智慧，但事实是，你的沉默是在惩罚我，是一种情感控制，而不是有建设性的对话和解决问题的思维。"

（3）挑战自我防卫的合理性。施暴者常常宣称他们的行为是一种自我防卫，是为了保护自己免受情感伤害。这种说法是将冷暴力合理化的一种防卫策略。受害者可以质疑其合理性，来揭穿其防御机制："你说的自我防卫，并不是在保护自己，而是在伤害他人。自我防卫应该建立在平等和尊重的基础上，而不是通过冷暴力来施加伤害。"

（4）揭露高道德立场背后的控制欲。使用冷暴力的人有时会站在所谓高道德立场，指责受害者情绪化或不成熟，以此为自己的冷暴力辩护。对此，受害者可以揭露这种策略的本质："你声称自己是冷静的，但从另一角度来看，就是权力控制，你在用这些方式贬低我的感受，掩盖你行为中对我的伤害。"

（5）用逻辑反驳投射行为。施暴者总是"甩锅"能力很强，试图将问题投射到受害者身上。这时，可以通过逻辑来反驳，比如："你说我是那个不好好沟通的人，但你是否意识到你最近在逃避沟通？"这种方式可以使施暴者不得不面对其投射行为的不合理性。

这些方法在揭穿冷暴力的施暴者的假道德感的同时，能够帮助受害者在应对冷暴力时保持心理上的主动性和头脑清醒。

第三章

受害者：容易被冷暴力瞄准的心理特质

在生活中，有这样一类人：他们安静内敛，平时不被注意。这类人因为不爱表达、缺乏应对冷暴力的方法，往往会成为冷暴力的隐形受害者。

高危人群画像：为何冷暴力总是针对你

　　"让你相亲你就去，哪有什么为什么？"

　　"就选理工专业吧！你能有什么好想法？"

　　这样的话，听起来很熟悉吧。

　　你注意到了吗？有些人天生就像是冷暴力的"吸铁石"，他们不擅长表达，缺乏自信和应对策略，总是默默承受别人的冷漠。这类人因为无法有效反抗，逐渐被动地成了冷暴力的隐形受害者，甚至在不知不觉中承受了心理伤害。他们看似顺从，实际上内心充满了无力感。

　　这类人的困境往往始于未被觉察的反应模式固化。他们并非天生被动，而是在长期互动中形成了条件反射式的沉默回路——当遭遇冷暴力时，身体会先于意识按下暂停键。这实际上是心理学中的习得性无助的具象化表现。

冷暴力现场

一个陌生人的留言

我一直努力做一个听话的女儿，从不反抗父母。我对他们有着极高的期望，希望他们能够多爱我一点儿，可是我从来不会直接表达这些情感需求。

就像当我大学选专业时，我妈希望我学医，说以后能有一份稳定的工作。可我喜欢历史，我鼓起勇气和他们提了一下我的爱好，没想到，我妈没等我说完，直接回了一句："学历史毕业后能干什么？难道毕业就失业吗？"我本能地看向我爸，期待他能说点儿什么，可他只是低头看手机。那一刻我很想再争取一下，可是父母已经开始忙着查找医学专业的相关资料了，根本没有给我继续说话的机会。于是，我像往常一样，选择了沉默，顺从了他们的安排。

一位心理医生的回复

你和父母的相处模式实际上掩盖了你内心的情感需求，可能会让你感到没有被重视、感到孤独。你父母的期望与关心是出于爱，但是当他们不听取你的意见时，你可以尊重自己的感受。你有权利表达想法，并探索自己的兴趣，而不是习惯性服从。你只有主动沟通和合理表达自己的想法，才能让家人看见你的需求。

冷暴力是如何利用你的顺从性格的

冷暴力的施暴者常常利用受害者顺从的性格，给他们施加心理压力，因此，拥有顺从性格的人更容易成为冷暴力的受害者。

首先，性格顺从的人存在强烈的取悦他人的倾向。在人际关系中，有一些人习惯于取悦他人。这类人希望得到认可和接纳，从而忽视了自己的需求以满足他人。这种心理让他们很容易被冷暴力的施暴者利用，通过让他们感到被忽视来操控他们的心理和行为。

其次，性格顺从的人有回避决策的特点。因为不愿意做决定，特别是在涉及关系中的重大问题时，他们更倾向于让别人来主导决策，自己则采取顺从的态度。施暴者便通过控制决策过程，使受害者失去对自己生活和关系的掌控。

再次，性格顺从的人还有害怕被抛弃的恐惧感。许多性格顺从的人有一种强烈的被抛弃焦虑，他们害怕孤独或失去关系。为了避免被抛弃，他们可能会不惜一切代价维持现有的关系，即便是在受虐或遭遇冷暴力的情况下，这种恐惧使得他们更容易容忍施暴者的冷漠和压迫。

最后，性格顺从的人还有自我牺牲倾向。这类人常认为自己为他人付出是应当的，甚至不惜牺牲自己的幸福和利益来维持关系。他们可能会为了避免冲突而忽视自我的需求，施暴者常会利用这一点让受害者更加沉溺于不平等的关系中。

除此之外，性格顺从的人还容易出现缺乏自主性、回避自我表达等问题，性格也较内向，在社交中常会感到紧张、害怕被评判。这些特点让他们总是需要被他人认可，同时难以为自己设立清晰的心理边界。

四招重塑社交模式

以下是四种简单易行的方法，可以帮助性格顺从的人在面对冷暴力时更好地保护自己。

（1）学会健康地拒绝。心理学中的"心理边界"是指个人对他人设定的心理界限，用以保护自己的心理空间，避免被过度干涉。性格顺从的人应学会拒绝，建立边界。比如，在面对不断打扰自己的同事时，可以平静地说："我现在需要专注于工作，我们可以稍后再谈。"这既表明需求，又避免对抗。

（2）强化心理弹性。心理弹性，通俗地说是一种抗压能力，它可以让你在面对挫折和压力时迅速恢复。你可以通过设定并实现小目标来提升心理弹性，比如完成一项工作任务或学会一个新单词，或培养兴趣爱好、进行冥想和正念练习，从而不被冷暴力击垮。

（3）建立积极的关系。识别并远离不合适的人，同时主动寻找积极支持你的朋友。积极的社交关系能增强幸福感，帮助应对生活中的挑战。

（4）寻求情感避风港。面对冷暴力时，寻求他人支持至关重要，无论是专业咨询师、家人、朋友，还是支持团体，他们都能提供情感援助，帮你认清问题本质，并给出应对策略。拥有稳定的情感支持系统能显著减轻冷暴力的影响。

被忽视的自我：缺失的价值感让你更脆弱

在当下社会，人们乐于追求成功和认可，许多人将自己的价值感完全寄托在外部的评价上。一个人如果缺乏自我认同，那么哪怕生活表面上看起来顺风顺水，内心也可能逐渐被孤独和无助感侵蚀。通过探索这些缺失的感受，你在未来就能够重新认识自我，找回被忽视已久的力量。

冷暴力现场

一个陌生人的留言

我和棉棉是多年的朋友，但在我们的友谊中，我总是处于被支配的位置。每当我提出一些建议和想法时，棉棉都会用讽刺或不屑的语气回应："你这主意也太不靠谱了吧？""你怎么总是这么天真？"时间一久，我渐渐在我们之间的对话中失去了话语权，总是默默跟随棉棉的决定，哪怕这些决定并不符合我的心意和需求。

　　慢慢地，我发现在这段友情中，我的声音变得越来越微弱了。我不敢提出不同的意见，因为我担心争执会破坏我们的友情，也不愿意再一次被否定。

一位心理医生的回复

　　在情感依赖中，他人的评价常常会对自我认知产生严重影响。目前在这段友谊中，你由于长期不被理解和接纳，逐渐丧失了表达自我的勇气和信心，自我价值感不断被削弱。你害怕提出不同意见，担心影响友谊，表明你可能倾向于回避冲突，以维持关系的表面和谐。但这种长期压抑自己需求的行为，会对你的身心造成负面影响，增加内心的压力与不满。友谊应该是平等的，不是一方对另一方的控制和否定。所以，在任何关系中都要维护好自己的立场。

　　在自我认知被他人的评价左右时，会让受害者变得不自信，越来越羞于表达自我，从而不自觉地陷入冷暴力环境中。那么，这些人该如何摆脱这种状态呢？

　　（1）接纳自我，培养同理心。每个人都或多或少有不足之处，学会接纳自己，要允许自己犯错，允许自己和别人不同，也允许别人提出不同意见。因此，不要因为他人过度的负面评价而苛责自己。

同时，培养同理心。理解他人的评价可能是基于他们自身的经历与视角，但这一切与自己无关，不必放大这些评价对自己的影响。允许别人做别人，允许自己做自己。

（2）寻找和接受真实的反馈。首先，要选择值得信任的对象。从那些真正关心你、了解你的人那里获得反馈，而不是随意接受其他人的评价。

其次，看重建设性批评。分辨哪些评价是出于善意且有助于个人发展的，接受并从中学习，而与那些无理的或是带有攻击性的评价保持距离。

最后，关注自我体验和感受很重要。不管听到怎样的反馈，真正能够利于自己成长的才更加关键，更多地关注自我体验也是很重要的一环。

（3）重视自我反思与内在对话。首先，每天或每周抽出时间反思自己的人生目标、价值观和行动。进行自我提问，如："我真正想要的是什么？""这些评价对我有多重要？"以此来深入了解自己内心的真实想法。

其次，学习与自己的内在对话。学会与自己进行积极的内在对话，肯定自己的努力和成就，减少对外界评价的过度关注，这将非常有利于个人心理成长。

最后，不断练习知行合一。大部分受情感依赖影响的人会习惯性地将想法和行为剥离开，整个人很拧巴；达到知行合一是需要一个长期的练习过程的。

（4）重视内在价值的发展。首先，专注于自身成长。很多人在心理咨询中反映到，他们把精力都放在了与人相处上，容易内耗。如果想更加健康地成长，就要把精力放到个人的成长和提升上，比如学习新技能、培养兴趣爱好，从中获得成就感和满足感。这是将精力放回自己身上的简单行为，但是，会增加心流体验，人会变得专注和轻松。

其次，更多地进行自我满足。在进行关注自我成长的行为和活动中，会获得更多的欣喜，也会拥有新的思想认知和伙伴，这些自我满足能够让人取悦自己。

最后，建立正面的自我评价系统。通过关注以上两方面，你就会更加在意自己的优点和进步，学会给自己积极回应，形成一个内在的、闭环的、正面的评价系统。

（5）建立独立的决策机制。进行独立思考和分析，掌握这一点你就会在面对重要决策时，不依赖他人的意见，学会为自己的决定负责，并获得成长。同时，制定个人标准，确立自己的生活和行为准则，而不是依赖外界的标准来衡量自己。然后，坚持按照自己设定的标准工作和生活，你会逐渐达到一个更好状态，有效应对各种人和事。

原生家庭阴影：成长的无形枷锁

　　"你怎么连这点小事都做不好？"这是很多人小时候常听到的一句话。父母冷漠的言语和眼神，像无形的枷锁，限制着孩子的成长。

　　那些从小被否定的孩子特别容易陷入自我怀疑，总觉得自己不够好、不值得被爱，时常感到低落，在人际关系里也常常感到自卑和不安。

冷暴力现场

一个陌生人的留言

　　我从小成绩一直很好，但在父母眼里，我永远都不够好。他们的目光总是紧紧盯着我的不足，从来不曾真正认可过我的努力和成绩。"怎么没有考满分？""你有什么好得意的，你弟弟的数学比你的好。"类似的话听多了之后，我发现不管我多么努力，永远都无法达到父母的期望。

> 我逐渐变得苛求完美，无论做什么都想做到最好，哪怕付出了所有心力，我依然会怀疑自己做得不够好。我在工作和生活中总是对自己充满不安，因为哪怕是微小的失误，都会让我陷入深深的焦虑。

一位心理医生的回复

父母无形的冷漠和打压，深深地植入了你的思维模式，影响了你对自我价值的判断，也影响了你与他人的关系，甚至可能会一直持续下去。这种原生家庭的伤害深深地影响着你对自我价值和人际关系的看法，塑造了你脆弱的一面。

许多经历过原生家庭的冷暴力的个体，在成年后仍然难以自信和自爱。这些原生家庭的创伤对人的影响是长期而坚固的，主要表现在以下方面。

（1）容易重复创伤模式。这些人在成年后可能会不自觉地在人际关系中重复自己童年时经历的创伤模式，比如成了冷暴力的施加者，或者选择了情感冷漠的伴侣。这会让个体很难打破创伤循环，继续在不健康的关系模式中受苦，进入一种"受害—施害—受害"的恶性循环中。

（2）社交障碍。在原生家庭中情感需求长期得不到回应的个体，可能难以理解或表达自己的情感，容易出现社交焦虑、害怕与人接触等问题。

（3）自尊和自我价值感低下。比如，有些人经常自我否定，觉得自己不够好、不值得被爱或不够成功。对自己的能力和价值充满怀疑，常常认为自己无法达到别人的期望。同时在生活中会表现出自卑、畏缩不前，害怕失败或不敢尝试新的事物。

（4）会有自我压抑和情感麻木的表现。在生活中习惯于压抑自己的情感需求，否认或忽视自己的感受，表现出情感麻木和冷漠。对于他人的支持也表现得不知所措或不配得感强。难以与他人建立情感联结，长时间的情感压抑可能会导致情感疏离、人格分裂等心理问题，或者在面对情感压力时突然崩溃。

（5）普遍存在情感上的不安全感。比如，容易感到焦虑、紧张，对人际关系的冲突特别敏感，害怕被抛弃，等等。总是担心他人的情感变化，缺乏对关系的信任感。当然，在关系中也容易表现出控制欲强或不断寻求他人肯定，无法安心维持稳定的关系模式。

识别这些原生家庭对个体的创伤表现，及时通过心理疗愈或是寻求专业帮助来进行自我修复，是重要的心理成长过程。

讨好型人格：不敢说"不"的深层原因

讨好型人格背后往往隐藏着对被抛弃、被批评或遭遇负面情绪的深层恐惧。这种恐惧的产生可能是因为个体在成长过程中，长期受到情感忽视或冷淡对待，从而不敢拒绝别人的请求以进行自我保护。讨好看似能暂时避免冲突和焦虑，但也意味着不断压抑自身的需求和感受，最终失去自我，无法保持内心平衡。

冷暴力现场

一个陌生人的留言

无论是在工作上，还是在家里，我总是拼命迎合他人的期望，生怕一旦做错什么就引起他人的不满。每当有人向我提出请求时，我的第一反应就是立刻答应，几乎不考虑自己是否有精力和时间，哪怕内心早已疲惫不堪，也无法说出一个"不"字。

> 与此同时，我也在压抑自己的需求，把自己的感受放在最后，这仿佛使我活成了一个为别人而存在的影子，内心渐渐陷入一种失衡的状态。即使我意识到了问题，也还是不知该如何摆脱这种困境。

一位心理医生的答复

你总是把他人的需求放在第一位，担心拒绝别人会带来糟糕的结果。实际上，学会说"不"并不会让别人轻易对你失望；相反，它能让你有更多的时间照顾自己，有精力去真正帮助别人。人际关系本质上是动态能量守恒系统。当你持续输出却从不补充时，这个系统终将失衡崩溃。

不敢拒绝他人的人，往往是讨好型人格者，他们一般在生活中会有以下表现。

（1）非常容易回避负面情绪。首先，讨好型人格者倾向于隐藏或压抑自己的负面情绪，如愤怒、不满或失望。他们可能会把这些情绪埋在心里，而不是直接说出来，以避免给他人带来困扰或引发冲突。其次，在冲突中，他们对这些负面情绪非常敏感并且害怕面对。他们可能会觉得这些情绪难以控制或处理，因此倾向于通过回避冲突来避免体验这些负面情绪。最后，这类人由于经常回避负面情绪，因此会积累很多的抱怨和怨恨情绪，但他们又不会在短期内将这些情绪表达出来。

（2）具有完美主义倾向。他们给自己设定了过高的标准，希望通过讨好他人来收获外界对自己的完美评价，通过显性的完美表现，避免冲突或矛盾发生。

（3）会承担过多的责任。由于他们不擅长拒绝他人的要求，经常过度关注他人的需求和感受，甚至在自己已经疲惫不堪时，依然会努力去帮助或支持他人，因而在团队或家庭中，他们往往会承担过多的责任，甚至承担本不属于他们的任务或义务。

（4）受社会环境影响严重。在一些文化中，顺从和谦卑的行为被视为美德，特别是在家庭和社会关系中。因此，讨好型人格者可能会受到这些价值观的影响，认为避免冲突、保持和谐是维持良好关系的唯一途径。

（5）缺乏应对冲突的技能。 这类人通常缺乏处理冲突的技能和信心。他们可能不知道如何在冲突中有效地表达自己的需求和感受，也不相信自己有能力在冲突中保护自己的权益。这种无力感使他们更加害怕冲突。

讨好型人格者常常将拒绝与关系的破裂挂钩，害怕拒绝会导致自己被冷落或失去爱。事实上，拒绝是一种健康的自我保护方式，它可以帮你在关系中保持真实和舒适。

比如，在一些自己觉得不适的小事上大胆说"不"，在社交场合拒绝不喜欢的饮品或不合适的活动邀请。只要是自己不喜欢的就可以尝试拒绝，每次拒绝以后，对自己说一句肯定的话，比如："我有权利选择适合自己的事。"

从被动到主动：如何打破受害者的魔咒

冷暴力是一场无形的博弈，它通过刻意忽视让人陷入情绪"冰点"。很多人在不知不觉中被困在冷暴力环境中，逐渐将自己设定为受害者角色。如果想打破这样的局面，首先要做的就是，重新定义自己的角色。让自己不再是被动的受害者，而是主动的决策者。

冷暴力现场

一个陌生人的留言

在工作中，我总是习惯性地主动揽下责任，即使那些问题根本不是由我引起的。我发现自己总是在冷漠的工作氛围中感到不安，害怕被同事孤立和排斥。为了让大家接受我，我习惯性地道歉和讨好，并试图通过迎合别人的需求来获得认可。然而，这样做并没有改变现状，反而让我越来越疲惫。

随着时间的推移，我意识到自己扮演了受害者的角色。我不断压抑自己的需求，用牺牲自我来维持表面的和谐，却忽略了内心的真实感受。这种过度的付出和取悦并没有带来我想要的和谐与认可，反而让我觉得更加孤独。

后来，我决定做出改变。我开始试着拒绝那些不属于我的事务，专注于做好自己的工作，不再把所有责任都揽在自己身上。随着拒绝次数的增加，我逐渐发现，事实并不像我原本担心的那样。我并没有因此受到排斥，反而变得更加轻松自如，与同事的相处也并没有受到负面影响。我终于明白，适当地坚持自己，才能真正获得内心的平衡和健康的人际关系。

一位心理医生的回复

这种改变减轻了你的心理压力，帮你建立健康的边界。坚持自我并不影响人际关系的质量，和谐的人际关系不是靠牺牲自我来维系的，而是基于彼此尊重和真诚交流。保持这样的自我成长，你会轻松面对人际关系的挑战。

识别自身的受害者行为模式

作为冷暴力的受害者，你身上往往会有哪些行为模式呢？

（1）观察自我对话。受害者角色往往会进行消极的自我对话。你是否经常做自我批评，认为自己不值得被关心和理解？是否总是对自己说"这就是命运"或"我无能为力"？通过关注这种自我对话的内容和频率，你可以识别自己是否正陷入被动和无助的思维模式。

（2）评估情感反应。作为受害者常感到无力、压抑、委屈等，这些情绪可能会在面对他人的冷漠或忽视时爆发出来。如果你发现自己在关系中频繁感到被拒绝、不被认可或被孤立，可能意味着你正在无意识地以受害者的心态应对这些关系。觉察这些情绪，并追溯它们的来源，是觉醒的重要一步。

（3）分析行为反应。反复的被动行为是受害者角色的典型特征。比如，在关系中你是否总在等待他人改变而不主动采取行动？你是否会为了避免冲突，选择妥协或忍耐？通过分析自己在复杂关系或困难情境中的应对方式，你可以看到自己是否在重复一种被动的行为模式。

（4）反思外界的反馈。周围人的反馈有时能帮我们识别自己的行为模式。如果别人经常告诉你"你总是在妥协"或"你为什么不试着改变现状"，可能意味着你已经习惯了受害者的行为方式。通过倾听并思考他人的反馈，反思自己的反应，你能更清晰地意识到自己是否陷入了受害者思维。

（5）需求表达的困难。如果你在关系中难以表达自己的真实需求，总是害怕提要求或是担心他人远离你，这是受害者角色的典型表现。主动去识别自己在表达需求时是否会感到焦虑、不安或无力，能帮你发现自己是否习惯性地把自己置于被动位置。

一旦意识到自己存在受害者角色的行为模式，接下来便是采取行动，让自己从消极思维中解脱出来，实现真正的转变。

识别消极思维，转换你的行为模式

想要改变受害者行为模式，还要先识别消极思维，主动应对困扰，这样才能重建自我掌控。

（1）转换角色。一定要学会有意识地转换角色，想象自己是旁观者，观察自己当前的行为模式。通过这一"出戏式"的练习，能够更清晰地看见自己的被动行为，并理解这种行为对关系的影响，有助于你打破固有的互动模式。

（2）重塑个人故事。可以重新叙述你的经历，将自己从"受害者"的标签中解放出来，比如，将过去的冷暴力描述为你勇敢应对挑战的故事。通过改变对事件的叙述方式，赋予自己更主动的身份，让你从情感困境中找到新的意义和力量。

（3）情境实验法。在日常生活中设置"微实验"，尝试新的行为方式。比如，在一个你习惯性沉默的场合，主动提出不同的观点，或者在你经常妥协的对话中尝试拒绝，如对同事说："这件事不是我负责的，我没有时间，你自己做吧。"这些"微实验"能帮你逐步体验到从被动向主动转变的力量，打破你以往的行为惯性。

（4）写情感日记。开始写情感反馈日记，记录每天遇到的事件和自己的情感反应，尤其关注那些让你感到无力或被忽视的时刻。然后，反思自己如何面对这些情境，并提出改进策略。这不仅是情绪管理的工具，更是帮你觉察潜在行为模式的手段和方法，从而找到从受害者转变为掌控者的契机。

（5）构建积极的人际关系盟友。主动寻找积极、有能量的人际关系，构建一个强大的支持网络。这些关系可以帮你从不同视角看待自己，鼓励你做出一些积极的改变。与正向、主动的人互动，比如参加社交活动、加入兴趣小组，你会感受到更强的心理支持，逐渐打破与冷暴力相关的被动行为模式。

通过实践这些方法，你不仅能识别受害者的行为模式，还能从内而外地实现意识的觉醒和角色的转换，重获自我掌控的力量。

看不见的伤痕：如何在校园冷暴力中自救

近年来，无论是在影视剧中，还是在书中、网络上，校园冷暴力这一话题被越来越多的人提起。本来是学习天堂的校园，竟然成了威胁学生心理健康的危险地带。校园冷暴力通常表现为一些言语上的讥讽、故意的孤立等。

更令人忧心的是，遭受校园冷暴力的人若是长期得不到重视和心理干预，可能会走向抑郁的深渊。

冷
暴
力
现
场

一个陌生人的留言

　　因为天生皮肤比较黑，我经常被同学们取笑。他们给我起外号，叫我"黑煤蛋儿"，每次听到这些嘲笑，我都会感到无比难堪。但因为我性格太温和，总觉得这只是小事，所以从没把这些事情告诉过老师或家长。

　　尽管我很努力地想融入集体，但同学们总是有意无意地把我排除在外。我还记得有一次春游拍集体照，大家故意不跟我站在一排。那一刻，我感到自己被彻底孤立了，心里充满了无助和失落。

　　我渐渐意识到，自己的外貌成了他们嘲笑的理由，而我似乎永远无法摆脱"黑煤蛋儿"这个标签。每次走进教室，我都会感到自尊心被践踏。久而久之，我开始对学校生活感到厌倦，甚至有些害怕去上学了……

一位心理医生的回复

　　你因外貌而被嘲笑和排斥，这并不是你的错，而是同学们缺乏同理心，不懂得尊重他人。当一个人因外貌而成为他人冷暴力的攻击目标后，往往会感到自卑、孤立和无助，自我价值感瞬间降低。

　　我们该如何来防范和应对校园冷暴力呢？

（1）全方位提升自我保护意识。孩子和家长都应该了解什么是校园冷暴力，以及它的表现形式，增强对冷暴力的识别能力。比如，家长要教会孩子如何使用学校的举报系统来保护自己，或者教会孩子寻求校内心理咨询师的帮助。

（2）建立情感表达渠道。家长要教育孩子学会识别和表达自己的情感，帮他们通过适当的渠道，比如与家人或老师交流，来释放自己的负面情绪，避免因为情感积压而产生心理问题。

（3）积极培养孩子的社交能力。家长和学校应鼓励孩子多参与集体活动，帮他们发展良好的社交技能。比如，家长可以带孩子参加社区活动或夏令营，学校也可以组织更多的小组合作项目。通过与同龄人的互动，孩子可以建立友谊网络，减少孤立感，同时提高他们应对冷暴力的能力。

（4）营造包容的家庭氛围。家就是休息的地方，家长需要营造包容的家庭氛围，让孩子感受到家庭的关爱和支持。这种环境可以增强孩子的心理韧性，帮他们更好地应对外界的压力和挑战。

（5）学校与教师的积极干预。学校一般有反冷暴力的相应规定，可以通过培训让老师能够识别早期冷暴力的迹象。老师可以观察学生的行为和情绪变化，及时介入和引导，有效预防冷暴力的进一步发展。

（6）建立同伴支持网络。学生在学校的时间较长，学校可以通过班级建设和社交活动，鼓励学生相互支持，形成一个互助的同伴网络。当学生感受到众人的支持时，冷暴力的威胁会大大降低。

（7）心理健康教育。目前，学校一般都将心理健康教育纳入日常课程，以帮助学生理解和管理情绪，培养同理心和应对压力的能力。通过这种教育，学生可以学会如何在面对冷暴力时保护自己和他人。

（8）定期进行家校联系。家长应与学校保持定期的沟通，了解孩子在学校的表现和情感状况。通过与老师的合作，家长可以及时发现潜在的冷暴力问题，从而更好地支持孩子，确保孩子在学校的安全与健康成长。当然，家长也要关心孩子在校外的人际网络。

这些方法从个人、家庭、学校到社会各个层面构建了全面的防护体系，有助于有效防范校园冷暴力的发生，为孩子们的健康成长提供坚实保障。

第四章

亲密关系中的无声对决：当爱被冷漠替代

当温暖的互动被冷漠所取代时，人们彼此之间再无言语沟通，反而充斥着紧张的氛围。这种无声的对峙像一场隐秘的拉锯战，慢慢侵蚀曾经的亲密关系。

爱与冷漠之间：识别关系中的冷暴力信号

在亲密关系当中，情感冲突是不可避免的。两个来自不同成长环境的人走到一起，不管关系多么美好，也可能会遇到挑战，比如冷战的现象就是情绪积压后呈现的不健康的互动方式。

冷暴力现场

一个陌生人的留言

我和男朋友刚开始恋爱时，每天都会分享彼此的喜怒哀乐。但最近我觉得他好像不太愿意和我说话了。每次我主动询问他的状态，他总是敷衍地说："我很好。"或者简单说几句就岔开话题。我感觉我们之间的距离越来越远，沟通也越来越少。

我猜他可能最近工作和生活的压力比较大，不想让我担心，所以选择了自我封闭。我希望等他情绪稳定下来后，我们能够恢复到以前那种自然的沟通模式。然而，当我这几天尝试更深入地了解他的感受时，他的反应总是很冷淡，甚至拒绝和我交流。这样的态度让我感到无助，也让我开始怀疑自己是否做错了什么。我不知道该如何面对这种状况，也不知道他到底在想什么。

一位心理医生的回复

在这种情况下，你男朋友的冷淡回应可能源于他的内在困扰，比如压力过大、情感疲惫或者对你们关系的态度发生了变化。但是如果这种情绪隔离长期持续，并且每当你主动沟通时，他都冷淡回应，甚至拒绝深度交流，你要小心成为情感冷暴力的受害者。

建议你先冷静下来，不要急于指责或埋怨，而是尝试在他情绪稳定时，用温和的方式表达自己的感受，告诉他你的不安和担忧，同时给予他一定的空间。如果他愿意敞开心扉，尽量耐心倾听，理解他的处境，共同寻找解决之道。如果他依然抗拒沟通，僵持状态得不到改善，那么可能需要更进一步的专业介入，比如通过情侣心理咨询来解决你们关系中存在的问题。最重要的是，不要让自己陷入自责或无助的情绪中。

面对情感冷战，我们不仅要理解根源，还要采取正确的方法来破冰和重建沟通桥梁。那么，在亲密关系中如何应对情感冷战，帮助伴侣们摆脱冷战的困境呢？

第一步：设立冷静期，但不冷漠对待。

情感冷战的产生，往往是一方或双方试图以冷漠来表达不满。通过冷漠来对抗情绪冲突，不如主动提议设立冷静期，暂时让双方各自安静地思考，但冷静期要有时间限制，过后一定要进行沟通。

第二步：设立"情感安全词"，作为打破僵局的信号。

每当情感冷战或冲突加剧时，任意一方都可以使用"情感安全词"，表示想要暂停争论，并寻求重启沟通的机会。这种方法能避免争吵升级为冷暴力，也为双方提供了冷静和思考的时间，确保沟通时的情绪稳定。

第三步：定期进行"关系审计"，评估情感健康状况。

就像公司需要财务审计一样，亲密关系也需要定期评估。可以和伴侣每月或每两个月进行一次"关系审计"，回顾这段时间彼此之间的互动、沟通、需求满足等。通过定期对话，可以及早发现潜在问题，避免冷战的形成，防止冷暴力的发生。

第四步：写情绪日记，倾诉未能说出口的情感。

　　写情绪日记可以帮助人们在冷战期梳理内心的感受。通过记录那些难以表达的情绪，既可以避免情绪爆发，也可以为之后的沟通做准备。每次情绪化后，写下感受，标记自己的困扰，就可用日记的形式与伴侣开展冷静的对话。避免让另一半感受到攻击，防止冷暴力产生。

第五步：练习正念冥想，共度无言时光。

　　在情感冷战中，双方可能会陷入无声的对峙。不妨尝试一起练习正念冥想，正念冥想有助于提高自我觉察，降低冲突中的焦虑情绪，并和双方建立起深层次的联结。
　　使用这些方法，能够加强沟通，有效地复盘亲密关系中的问题，防止冷暴力的产生和激化。

情感真空：如何填补亲密关系中的空白

当伴侣之间陷入情感真空时，原本的温暖与亲密会逐渐消失，取而代之的是冷淡，甚至是陌生感。这种情感真空的形成并非一朝一夕之事，而是源于长时间的沟通不畅以及不满情绪的逐渐累积。

冷暴力现场

一个陌生人的留言

我刚从外地出差回来，又饿又累，一进门就看到厨房水槽里堆满了没洗的碗盘，心情一下子变得特别烦躁。我忍不住对正在休息的男朋友抱怨："你怎么从来不帮忙洗碗？"男友听了显得有些委屈，反驳道："我最近加班那么累，你就不能体谅一下吗？"

我们就这样开始互相指责，争吵逐渐升级。我忽然意识到，自己情绪化的指责让他觉得受到了攻击，于是我努力让自己冷静下来，改变态度："我今天真的太累了，还没吃饭。我们能不能商量一下，分配一下家务？"这样一说，我们的沟通才开始顺畅起来。

一位心理医生的回复

你能及时察觉到自己情绪化的反应并做出调整，这非常难得。冲突往往源于误解，尤其是在双方都感到疲惫时。通过换一种方式表达自己的需求，你不仅化解了冲突，也营造了更健康的沟通氛围。在双方都冷静时讨论家务分配，能让你们避免类似的矛盾，也避免陷入冷暴力中。

亲密关系中的情感空白通常是多种因素作用的结果，比如，沟通不畅，亲密关系中的角色期望和责任分工不均，生活习惯的差异，等等。

这些因素往往不是单一存在的，而是相互交织的，会削弱亲密关系的稳定性。如果不加以关注和处理，会让亲密关系的裂痕进一步扩大。

那么，该如何重拾爱的温度，走出冷漠关系的泥潭呢？

（1）运用"情绪标签法"调节情绪。这种方法源于情绪调节理论，通过为自己的情绪贴标签，来帮助个体更好地理解和管理情绪。当人们处于冷暴力的关系中时，容易被负面情绪淹没，如愤怒、失望和无助。使用"情绪标签法"可以将模糊的感受具体化，有助于自我理解和沟通。

每当感受到强烈的负面情绪时，先停下来，用简单的词给自己的情绪命名，比如："我现在感到很愤怒，因为被忽视。""我感到很失望，因为没有得到预期的回应。"然后，可以尝试将这种情绪以温和的方式传递给对方，比如："我感到很愤怒，因为我感到被忽视了。你能和我聊聊这个问题吗？"

（2）运用"情绪隔离法"避免情绪泛滥。冷暴力关系中，情绪往往会像雪球一样越滚越大，逐渐蔓延到生活的方方面面，导致情感上的恶性循环。"情绪隔离法"是一种情绪管理策略，帮助个体将特定情境中的负面情绪与其他生活领域隔离开，避免情绪泛滥。

当感受到强烈的负面情绪时，可以将情绪问题限制在特定的情境中，不让它们扩散到整个关系。比如，告诉自己："我们现在只是对这件事有分歧，而不是我们的关系出现了根本问题。""这次争执只是因为我们都很疲惫，不代表我们不爱彼此。"这种方法可以避免将局部问题放大为整体问题。

（3）用写信代替对话。当直接沟通变得困难时，写信也是一种有效的情感表达方式。这个方法源于"书写疗法"（Writing Therapy），通过写信来表达情感，让对方在情绪稳定时阅读，有助于减少对话中的冲突和误解。

双方可以准备一个信箱，将自己的感受和想法写成信件放进去。规定每周或每月某个时间，互相交换信件。通过这种方式，双方可以在相对平静的状态下理解对方的感受和想法，而不是在情绪激动时进行无效或有害的沟通。

（4）"心理距离效应"——运用第三人称思考法。"心理距离效应"指的是通过改变看待问题的视角，来缓解情绪压力并获得新的见解。通过将自己从第一人称的视角转换为第三人称的旁观者视角，可以有效减少情绪带入，更加客观地看待冲突和问题。

当关系中出现冷暴力时，可以尝试运用第三人称思考法："如果我是外人，我会如何看待我们的关系？""我能从这个情境中学到什么？"这种方法有助于我们从情绪中抽离出来，更理性地分析和解决问题。

以上这些方法结合了情绪调节、沟通技巧和关系修复等方法，可以帮助处于冷暴力关系中的人们更有效地应对和解决关系问题。

信任危机：冷暴力如何悄然瓦解爱情

　　无形的冷暴力没有刀光剑影，却悄然瓦解着爱情的根基。当信任开始动摇，曾经的甜蜜黯然失色。冷暴力虽无声无形，却比争吵更具杀伤力，让两颗心渐行渐远。这种看不见的破坏，正是信任危机的前兆。

冷暴力现场

一个陌生人的留言

　　我和男友在恋爱初期非常甜蜜，但随着相处时间的增加，他开始有意回避我。每当两人发生争执，他都会选择性地失联，不接电话，不回复信息，甚至几天不见面。他在冷静后从不主动提及争执的事，也不给予任何解释，而是将问题晾在一旁，让我独自消化。如果我问他，他也只是不耐烦地说一句："你爱怎么想就怎么想，随便你！"他这种回避和不愿解决问题的态度让我深感无助和被忽视。

他的冷淡态度让我开始怀疑他爱不爱我，情感上的被忽略使我逐渐失去安全感和信任感。因此，我在考虑要不要结束这段关系。

一位心理医生的回复

你描述的情况表明，你的情感需求长期得不到回应和理解，男友的回避行为让你感到孤独和被忽视。当关系中出现问题时，他选择逃避而非解决，这可能导致你感到被否定，甚至怀疑自己在关系中的重要性。情感上的冷淡和缺乏沟通确实会破坏彼此间的信任。

男友的反应可能反映了他自己应对冲突的方式或某种情感防御机制，但这并不意味着你的感受不重要。你渴望的是沟通与理解，而不是冷处理。在一段健康的关系中，双方应共同面对问题并满足彼此的情感需求。如果你选择结束这段关系，可能是你想为自己设立界限、保护自身情感健康。

情感需求得不到回应、沟通中断、矛盾长期得不到解决等，往往是亲密关系中冷暴力的温床，也是瓦解爱情的元凶。那么，我们该如何化解冷暴力对亲密关系的伤害呢？

（1）建立"讨论时间窗口"，定时讨论情绪问题。

这种方法结合了时间管理和情绪管理的理念，为情绪问题设立"讨论时间窗口"，避免情绪冲突无休止地升级。这种方法旨在让双方都可以有时间为情绪降温，同时也不会让问题被长期搁置。

亲密关系中的双方可以约定一个固定的时间（如每周一次）来专门讨论情绪和关系问题，在其他时间尽量避免讨论此类问题。这样可以让双方都做好心理准备，并在情绪较为稳定时更有效地沟通。

（2）合理运用"负面情绪净化法"，适时进行情绪的视觉化释放。

"负面情绪净化法"是一种通过视觉化技术帮助个体释放和净化情绪的心理方法。它可以帮助个体在面对冷暴力时，将积压的情绪通过想象的方式释放出来，从而减少心理压力。

找一个安静的地方，闭上眼睛，想象自己心中的负面情绪是一团黑色的烟雾，然后慢慢将这些烟雾从身体中"呼"出去，想象它们被风吹散，消失在空气中。这个过程可以帮助个体释放内心积压的负面情绪，缓解情绪压力。

（3）搭建"情感反馈循环"系统，建立积极互动的正向循环。

"情感反馈循环"是一种基于积极心理学的关系修复方法，通过在互动中建立积极的情感反馈，帮助双方打破冷漠和疏远的恶性循环。这个方法要求双方在互动时，尽量寻找对方的优点并及时给予正面反馈，逐步重建关系中的积极互动模式。

每天尝试在对方的行为中找到至少一个值得肯定的地方，

并用语言表达出来，比如："谢谢你今天帮我做了晚餐，我很感激。""我注意到你这段时间工作很努力，我很为你骄傲。"这些小小的正向反馈可以逐渐建立起双方的情感联结，打破冷暴力带来的疏离感。

（4）制订"情绪援助计划"，建立关系中的应急机制。

"情绪援助计划"是一种在关系中提前设立的情绪管理应急方案。它类似于在关系中建立安全网，当一方感觉情绪即将失控或陷入冷暴力时，可以激活这个预设的计划来进行及时干预。

双方在关系稳定期共同制订"情绪援助计划"，包括当出现冷暴力或情绪失控的苗头时可以采取的行动。比如，可以约定当情绪激烈时，先冷静五分钟再沟通；或者一方可以给另一方一个特定的信号词，说出信号词即表示需要时间冷静，双方可以暂时分开一段时间。这种方法可以有效避免情绪失控，防止冷暴力的进一步恶化。

这些方法虽然只是情感修复练习当中的一部分，但只要勤于应用，双方共同努力，形成习惯以后，就能够随着时间和相处方式的改变，重建双方的信任之桥，完成情感修复。

打破冰山：重建温暖与理解的桥梁

在人际交往中，误解和隔阂常常像冰山一样，悄无声息地横亘在彼此之间。随着时间的推移，未能及时化解的矛盾可能会逐渐加深，成了一堵阻碍情感交流的冰墙。然而，冰墙并非不可推倒，关键在于我们是否愿意伸出手。

冷暴力现场

一个陌生人的留言

　　我十六岁，高中二年级。我常常感觉家里冷冷清清的，特别是和我妈之间的关系，格外疏远。小时候我妈很关心我，陪我写作业，给我做好吃的，和我聊天，可是现在，每次放学回家，她一句话都不说，忙于自己的事务。我感觉她心里没我了，完全不在乎我，回到家里我像空气一样。

　　我有时候故意站在她面前，希望她能和我说句话，问问我一天的学习，但是，她说得最多的还是："你都这么大了，得学会独立。"然后，她就去忙自己的事了。我都有点儿怀疑自己是不是她亲生的。

一位心理医生的回复

你这样的情感波动在你这个年龄段非常常见。你正处于从儿童到成年的过渡阶段，随着你慢慢长大，父母的关注方式也会随之变化。你妈妈可能认为你已经长大了，需要更加独立，因而有意无意地减少了对你的直接关注。但这并不意味着她不再爱你或者不在乎你。

从你妈妈的角度，她可能正在调整和适应你成长带来的变化。或许她还没有意识到，这种转变让你感到被忽视或者被冷落。

每段关系都有起伏，通过沟通和理解，很多问题是可以解决的。希望你能勇敢地表达自己，打破沉默的隔阂，和妈妈重新建立起更紧密的联系。

冷漠关系中的冰山理论

在探讨关系中的冷漠现象时，表面上的冷漠只是冰山一角，更深层次的需求和痛苦总是隐藏在"水面以下"。要理解真正成因，还要深入探索关系背后人们的心理和情感因素。

（1）未被满足的情感需求。冷漠关系产生的一个主要原因是，双方或一方的情感需求未被满足。这些需求可以是爱、关怀、支持、理解等，当这些基本需求长期得不到回应时，人们可能会逐渐退缩，变得冷漠。根据冰山理论，"水面以下"是那些未被表达或被忽略的需求，这些需求随着时间的推移积累，最终以冷漠的方式表现出来。

（2）潜在的痛苦和未被解决的冲突。过往的创伤、误解、争吵等，如果没有及时得到处理，甚至被压抑，那么当这些情感伤害积累到一定程度时，个体可能会为了避免再次受到伤害，选择在情感上自我封闭，形成冷漠的外表。

（3）沟通障碍和情感表达的不顺畅。生活当中，情感需求往往因为沟通障碍而得不到表达。当双方缺乏有效的沟通技巧时，他们可能无法准确表达自己的需求和感受，导致误解和矛盾加剧。冰山理论中的"水面以上"代表着冷漠和疏远的表象，但"水面以下"隐藏的可能是一次次试图表达却未果的挫败感。

尤其是在现代社会，忙碌的生活节奏、电子产品的干扰以及对情感表达的轻视等，都可能使人们难以坦诚地沟通，从而进一步加剧了冷漠的产生。

一些改善冷漠关系的方法

冷暴力往往让亲密关系变得疏离，但通过一些方法，可以帮助双方重新建立情感的联结。以下是一些富有成效的应对方法。

（1）开展定期情感检修会议。就像维护一台机器一样，定期为关系设立情感检修时间。双方可以在每月或每周的固定时间一起回顾过去的互动，分享情感变化，讨论需要改善的地方。这种常规的沟通方式可以预防冷暴力，避免情感问题积压。

（2）角色互换，设置"换位体验日"，双方轮流体验对方的日常生活，承担对方的责任。比如，交换一天的家务分工或工作任务，从对方的视角看待生活。这种体验不仅能增进理解，还能让双方重新审视彼此的付出和需求。

（3）做有象征性意义的活动。可以设计一个属于双方的情感重启仪式，通过一个象征性的活动，如一起看日出、种下一棵植物，来标志关系的新开始。这种有象征性意义的活动能够为双方提供心理上的更新感，激发新的感情动力。

（4）绘制"情绪地图"，做可视化的情感波动监测。绘制一张"情绪地图"，双方标记自己在关系中的情感波动，寻找彼此情感波动的规律。这种可视化的方法能够帮助双方更直观地了解彼此的情感状态，避免误解和忽略情感的变化，进而采取更有针对性的应对措施。

（5）清理"情感垃圾"。和"物品断舍离"类似，双方可以定期坐下来，讨论哪些行为、沟通方式或误解对关系造成了负面影响，尝试共同清理掉这些"情感垃圾"。这种象征性的清理过程能够为双方带来情感上的轻松感，使双方重新聚焦在积极的互动上。

（6）用幽默疗法，缓和关系。冷暴力容易让关系充满紧张感，而笑声可以有效缓解这种紧张。尝试通过看喜剧电影、讲笑话等轻松愉快的方式，帮助双方放松情绪，打破冷淡的气氛，为关系注入正能量。

这些方式可以帮助双方在冷暴力下重新建立情感联结，逐渐恢复温暖与信任。每一种方法都提供了不同的切入点，帮助双方在不同层面上重新找回亲密感。

无声地呐喊：聆听那些隐藏的心声

生活中，当无言的冷暴力逐渐破坏彼此间的情感联结时，我们如何才能学会倾听那些隐藏的心声，在无声的交流中捕捉到对方内心的真实需求呢？

冷暴力现场

一个陌生人的留言

我结婚三年了，以前我和老公无话不谈，但最近他越来越沉默了。每天回到家，他不再像以前那样主动跟我分享工作或生活中的点滴。起初我以为是他工作压力大，但渐渐地，他连在我们约会时也变得心不在焉了。

后来，我发现他好像失去了对曾经喜欢的事情的兴趣，情绪也低落了很多。我猜他可能在工作中遇到了什么困难，但他却从不跟我提及。我一问他，他就说："不用你管。"我真的很担心，也不知道该怎么帮助他。

一位心理医生的回复

你对老公的关心是非常重要的，能够察觉到他的情绪变化是第一步。他可能因为工作上的挫折感到自卑，选择沉默是因为他不想让你担心。你可以尝试营造一个温暖、无压力的环境，让他知道你随时愿意倾听他的感受，引导他慢慢地敞开心扉，这可能需要时间与耐心。同时，也建议你们一起寻求专业的心理咨询帮助，在保护好自己不被冷暴力侵蚀的前提下，帮助他处理他的负面情绪和压力。

在亲密关系中，冷暴力会使情感需求被忽视或压抑，导致双方痛苦。要有效化解冷漠，必须采用必要的修复方法。

（1）创建"情感签到卡"，每日反馈感受。通过创建一张简单的"情感签到卡"，每天让双方在卡上标记自己的情绪状态，如"疲惫""孤单""愤怒"或"快乐"。这不仅是一个情绪的出口，也是让对方理解彼此状态的机会。这种仪式化的情绪反馈，能帮助双方持续跟踪对方的情绪，并及时做出回应。

（2）列出情感需求清单，重新认识彼此的需求。双方可以共同列出各自的情感需求清单，包括希望从对方那里获得的情感支持、鼓励或理解。这张清单可以定期更新，通过公开表达需求，帮助双方清楚地知道该如何回应需求，而不是靠猜测。

（3）设立"沉默日"，非言语互动修复。为避免语言上的争执和情感对立，可以设定一个"沉默日"，当天双方禁止言语交流，但仍需通过身体语言、眼神接触等方式互动。"沉默日"能让双方通过更温和的方式重新建立情感联结，同时让双方重新体验到非语言沟通的力量。

（4）共创"记忆之书"。共同创造一本"记忆之书"，记录过去的美好回忆、感动瞬间和共同成长的点滴。在翻阅和创造这本书的过程中，双方能够重温曾经的温暖时光，从而唤醒初心。这本书既是情感的象征，也是面对冷漠时重新激发共鸣的媒介。

（5）用"情感温度计"来追踪关系的情感波动。用"情感温度计"的形式，每周通过简单的打分，标记双方对关系温度的感受，并附上简短的解释。比如："这周感觉75℃，因为我们有更多在一起的时间。""本周45℃，因为我感觉自己被忽视。"这种追踪情感状态的方式，可以帮助双方更直观地看到情感起伏，识别潜在问题，及时调整互动。

（6）扮演对方的"情感代言人"。轮流扮演对方的"情感代言人"，扮演时按照对方的感受和需求行事。这种角色扮演不仅能让彼此更好地理解对方的情感状态，还能通过模拟对方，感受到对方的渴望与痛苦，从而增进理解和共鸣。

（7）共建"沉默时刻"，重建情感默契。选择每天或每周的某个特定时刻，共同享受"沉默时刻"，可以在一起阅读、散步、看日落。这段时间内不需要交谈，但彼此要专注，通过安静的陪伴重建内心的联结。这种无声的默契能帮助处于冷暴力中的双方重新感知彼此的存在和重要性。

　　此外，写信等互动模式，同样可以用来化解冷漠关系中的痛苦。这些方法通过建立持续的情感反馈、非语言的互动和共鸣体验，使双方有机会逐渐重新建立起信任和温暖的情感联结。

婚姻中的沉默无言，让最亲近的人变成陌生人

恶语相向和大动干戈是婚姻中的大忌，因为它们会暴露出夫妻双方极端的一面；然而有时候一场有质量的争吵却可能成为有效的沟通方式。通过理性地把问题摆到台面上，许多矛盾反而能得到解决。

相比之下，婚姻中的沉默则是更为可怕的隐形杀手。一般表现为家庭成员间在发生矛盾时不沟通协商，反而通过情感漠视、责任缺失、限制交往等手段，使对方的精神受到折磨和摧残，最终对其身心健康造成危害。

一个陌生人的留言

　　每次我和丈夫有分歧时，他总是选择逃避，不愿意面对问题。我试图和他沟通，可每次都被拒绝。最严重的一次是我们为了孩子的教育问题大吵了一架，在那之后他竟然搬去了书房，连下班回家的时间也越来越晚。

　　两周过去了，我觉得身心疲惫，最后还是选择妥协，接受了他的意见。他别扭了几天后，生活才渐渐恢复了往日的平静。然而，再发生争吵时，他又会用同样的方式逃避，我只能无奈地一次次让步。这种相处模式让我很绝望，对未来的沟通也越来越没有信心。

一位心理医生的回复

　　你的描述可以让人感受到你的悲伤，也反映了你们的关系中存在冷暴力和沟通障碍。你的丈夫选择逃避冲突，而你在不断妥协中感到情感被忽视，这种相处模式会逐渐加深双方的隔阂。长期压抑自己的感受可能导致你内心的疲惫和痛苦。建议你们尝试在平和的时刻表达彼此的需求，寻求专业的婚姻情感咨询师的帮助，重新建立更健康的沟通方式，避免用逃避与冷漠来面对问题。

婚姻中的冷暴力的杀伤力到底有多大

作为破坏现代婚姻的"新型病毒"，婚姻中的冷暴力的危害究竟有多大呢？

（1）会加剧家庭矛盾，导致离婚率上升。当婚姻中的一方长期以消极和不合作的态度应对问题时，家庭矛盾自然是愈演愈烈。在这种无声的冲突中，双方都会感到窒息和绝望，在这样冷冰冰的氛围中，许多夫妻都很难再坚持下去，最终只能选择分道扬镳。

（2）会引发一系列的极端行为。数据显示，以讽刺、冷落、疏离和放任为特征的精神暴力现象逐年增多，成了家庭矛盾激化和婚姻破裂的重要诱因。长期处于这种无形的精神折磨之下，受害者容易产生焦虑、抑郁和恐惧等负面情绪，这会对其生活和工作造成严重影响，甚至可能让其因此失去生活的勇气，走向极端。

（3）给孩子造成无形伤害。如果父母的婚姻中充斥着冷暴力，那么孩子的心灵可能会逐渐蒙上恐惧的阴影，进而变得孤僻，沟通能力受损。这种性格缺陷不仅会影响他们的成长，还可能延续到他们自己的家庭生活中，形成恶性循环。

婚姻中的冷暴力如同一道无形的墙，隔绝了温暖和爱，留下了深深的伤害。

五招化解婚姻中的冷暴力

在婚姻中，很多人对家庭暴力的理解还仅限于肢体上的冲突。然而，与外显的暴力相比，冷暴力的伤害直击人的内心，且发生频率更为频繁。当你在婚姻中遭遇了冷暴力时，以下五招或许可以帮你走出困境。

第一招：拥有自己的空间。

保持正常的工作和生活节奏，主动约朋友一起活动，发展一两项兴趣爱好。当伴侣用冷漠回应你的在乎时，不妨将生活的重心转移到自己身上。与朋友享受下午茶、逛街、旅行，或者培养兴趣爱好，如书法、绘画等。在走出那个充满冷暴力的环境后，你便会发现外面的世界依然充满欢乐。而你过得越开心，你的伴侣可能更愿意主动靠近你。

第二招：大方地展示自己。

学会在社交平台上展示自己的幸福，营造心理落差。当你过得开心时，不妨将这种快乐分享出来，让伴侣知道你在婚姻冷暴力中依然能够享受生活。比如，分享一张美丽的风景照或者你创作的艺术作品。选择一到两个亮点展示在社交平台，不必每天都发，只需偶尔展现生活的精彩一面即可。

第三招：学会"拉扯"。

当伴侣主动联系你时，不要立刻回复。当前面的方法起效时，对方可能会主动与你联系，这时不要急于回应。继续专注于自己的事情，可以稍微晾对方一会儿，一两个小时后再回复，保持语气自然即可。

第四招："让子弹飞一会"。

当伴侣主动修复关系时，不要急于原谅。在对方主动沟通时，你需要把握这个机会进行良性对话。首先，表明自己的立场，比如，你也有自己的底线，冷暴力是不可接受的；而后，设立一些规矩，比如，如果再发生冷暴力行为，就要制定相应的惩罚，这些惩罚可以是增进感情的方式，如一起做家务或享用一顿美餐。

第五招：培养钝感力。

在许多情况下，我们容易变得敏感，而这些情绪在面对冷暴力时更容易被放大。因此，适当培养钝感力非常重要。首先，要学会从整体上看问题，当你执着于某件小事时，试问自己：五年或十年后，这件事真的会有影响吗？在漫长人生中，它的重要性又有多大呢？

其次，要建立自信，明白"你是什么样的人，并不是由别人决定的"。不必活在他人的眼光中。有人分享过这样的经历：她的丈夫总是拿她和朋友的妻子作比较，这让她越来越不自信，然而，最终她意识到自己就是自己，别人的评价并不能定义她的价值。所以，学会接纳自己，保持自信，是至关重要的。

最后，切勿猜疑。揣测他人的内心容易导致内耗，甚至走向极端。在冷战期间，千万不要妄加猜测伴侣的心思，比如："他不理我，是不是去找别人了？"此类想法要坚决杜绝。我们对自己尚且不能完全了解，又怎能猜透他人？如果实在有疑问，可以平心静气地询问："你今天心情不好，是不是因为我哪句话说得不对？"当你勇敢问出口，心中的疑虑就会得到答案。

要知道，爱一个人应该是双方共同成长。如果维持一段糟糕的婚姻关系只会带来持续的痛苦，那么选择放弃未必是坏事。也就是说，适时地放手可能是对自己最好的保护。

如何打破父母与孩子之间的隐形墙

有时候，你是否觉得家人之间仿佛隔着一堵无形的墙？并不是因为大吵大闹，而是那些无法倾诉的心声、一次次的误解和无声的沉默，使得彼此越来越疏远。父母认为自己为孩子付出了很多，而孩子则在角落里渴望着一句温暖的话语。这种隔阂无关对错，但它让每个人心中都充满了难以言说的委屈。

其实，每个人都希望被理解，只是有时候我们不知道该如何去表达。

父母总是把"我都是为你好"挂在嘴边，但却从未真正站在孩子的角度想想这种"好"是不是孩子真正需要的。而当孩子总把"你们根本就不懂我"挂在嘴边时，亲子之间的误解只会持续加深。

一个陌生人的留言

有一阵子，我和孩子的关系变得很紧张。我总觉得自己做的一切都是为了他好，可孩子似乎并不领情，还变得越来越沉默，放学回来后就把自己关在房间里。我忍不住催他写作业、问他成绩，可他每次都敷衍几句，然后跑开。我越管越焦虑，孩子也离我越来越远。

有一天，我意识到，这样下去只会让我们更累。我试着放下管教的心，改成随口问他："今天在学校怎么样？有没有发生什么有趣的事？"他愣了一下，好像没想到我会这样问。过了一会儿，他开始跟我说起班里的趣事，那一刻我才发现，他其实很需要我的倾听。

一位心理医生的回复

作为家长，你的觉察和改变非常可贵。很多家长在关心孩子时，容易陷入控制和纠正的模式，却忽略了孩子更需要的其实是倾听和理解。你放下评判的心态，与孩子建立了更平等的对话方式，这正是重建信任的关键。关系的改善并不需要立即解决所有问题，而是通过倾听和陪伴，让孩子感到被接纳。继续保持这样的沟通，相信你们之间的关系会越来越亲密。

有时候，父母和孩子之间距离远并非源于缺乏爱，而是因为双方在沟通时错频。因此，父母需要放下预设，走进孩子的内心世界，学会倾听和共情，这样孩子才能感受到父母对他们无条件的接纳与支持。

（1）学会倾听而非打断。当孩子表达想法或情绪时，父母尽量不要立刻评判，而是要耐心倾听，让孩子感到自己被尊重和接纳。倾听是理解的开始，让孩子感受到自己的声音被听见。

（2）用共情代替指责。即便孩子的想法与你的不同，也试着站在他们的角度感受，并用"我理解你……"这样的语言回应，而非直接否定。理解孩子的感受比告诉他们该怎么做更重要。

（3）创造高质量的陪伴。父母与其只在意孩子的学习任务，不如花时间与孩子做他们感兴趣的事，如一起运动、玩游戏或简单散步，在轻松的氛围中增进感情。陪伴不在于时间的长短，而在于用心参与孩子的世界。

（4）给予适当的自由与信任。尊重孩子的成长需求，给他们独立探索的空间，让他们感受到来自父母的信任，而不是束缚。信任是给孩子最好的礼物，让他们勇敢探索自己的人生。

（5）表达爱和关心，哪怕很细微。一句问候、一个拥抱，或是主动询问孩子的感受，都能让他们感到温暖和安全。哪怕是一个微笑，也能让孩子感受到爱在流动。

（6）做好情绪管理，成为孩子的榜样。父母学会平稳地表达情绪，让孩子知道情绪是可以被理解和接纳的，这能帮助他们建立更健康的情感模式。情绪稳定的父母，是孩子学习的榜样。

化解家庭冷漠，让温情重新流动

当家人之间的相处不再是温暖的陪伴，而是一种冷淡的存在：早晨的问候变得敷衍，晚餐时的谈话越来越少，甚至连眼神的交汇也变得稀少而尴尬。那些曾经熟悉的笑容和关切的问候，如今都变成了客套和沉默。

心里明明渴望靠近，但又害怕打破这份脆弱的平衡。或许，你曾想要努力去沟通，但换来的只是更漫长的沉默。这种感受，就像被困在一个寒冷的角落，四周的人都在，却没有一个人真正懂你。

冷暴力现场

一个陌生人的留言

我和爷爷奶奶一起生活，但家里一直有种说不出的冷清。闲暇时间大家各干各的，爷爷去遛弯，奶奶看着电视剧，我则窝在房间里玩手机。我们很少说话，饭桌上安静到只能听见筷子碰盘子的声音。

其实，我挺想和他们多聊聊，但总觉得他们没兴趣听我说。一次周末，我无意间发现奶奶一边翻看以前的老相册，一边抹眼泪。那时我才意识到，他们并不是不想和我交流，只是习惯了沉默。

于是，第二天吃饭的时候，我试着讲了学校里的趣事。刚开始他们只是笑笑没接话，但几次之后，奶奶开始问我更多的问题："你那个同学后来怎么样了？"爷爷也会时不时点评几句，饭桌上的话题多了起来。

后来，我提议周末一起去公园散步。我们一路上聊得很开心，还买了爷爷喜欢的糖炒栗子。我发现，其实他们也需要陪伴。

现在，我们家的冷漠消失了，家里的氛围也不再沉闷。原来，只要我愿意迈出第一步，温暖总会不知不觉地回到家里。

一位心理医生的回复

你的观察和行动非常棒！你发现了家人沉默的背后，其实是对陪伴的渴望。家庭的冷漠往往源于缺乏沟通的契机，而并非不关心。你主动迈出的第一步很重要，说明温暖是可以通过小小的努力找回的。继续保持这样的互动，并多创造轻松的交流机会。陪伴不必隆重，只要是真心的关怀，关系就会变得更自然和融洽。

家是我们心灵的港湾，理应充满温暖和爱。然而，许多家庭却常常因为情感表达的匮乏、价值观的分歧、生活压力的积累、亲密关系的缺失等，陷入冷漠和疏离的氛围中。如果要改变这种冷漠的状态，家庭成员需要重新审视彼此的关系，并更加关注彼此的情感需求，重新为家找回温暖与爱，使家成为真正的避风港。

（1）增加有效沟通。沟通是解决家庭问题的关键。家庭成员应该定期花时间坐下来，真诚地交流彼此的感受、想法和困惑。沟通时要避免指责和批评，而是以开放、尊重的态度倾听对方的意见。

可以创造更多的互动机会，如定期的家庭会议，一起吃饭或散步时的交谈。通过有效的沟通，增进彼此间的了解，消除误解，打破家庭冷暴力带来的隔阂。

（2）学会表达关爱。很多家庭成员内心有爱，却缺乏表达的能力。要学会用语言、肢体动作（如拥抱、拍拍肩膀等）以及小小的善意行为表达关爱。比如：父母可以通过简单的夸奖、关心的话语或给孩子一个温暖的拥抱来传递爱意；夫妻之间可以在生活琐事中展现对彼此的体贴。

用实际行动和言语表达关爱，有助于打破冷漠的壁垒，让家庭成员感受到温情。

（3）尊重彼此的空间和个性。每个家庭成员都是独立的个体，有着特定的需求和个性。所以，家庭成员之间要尊重彼此的独立空间和不同的生活习惯，比如，适当给予对方独处时间，不过度干涉他们的决定，就是尊重的重要表现。

在这种自由和相互尊重的氛围中，家庭成员会感受到彼此间的信任，关系会更加融洽。

（4）共同创造回忆。家庭的温暖不仅来自日常的相处，还源于共同创造的美好回忆。可以定期安排家庭旅行、"游戏日"或者一起观看电影等活动，这不仅有助于放松情绪，还能加深彼此的感情联结。

这种积极的互动能带来更多的快乐和温馨时刻，让家庭氛围更和谐。通过共同的体验和回忆，家庭成员可以增强彼此的情感纽带，远离冷暴力。

（5）解决潜在的冲突与矛盾。家庭中的冷暴力往往源于未解决的冲突和长期积累的矛盾。如果不及时化解，矛盾会让情感裂痕越来越大。家庭成员应该勇于面对问题，寻求理性、平和的方式来讨论和解决问题，而不是回避或压抑情绪。

必要时，借助家庭治疗或专业辅导也是一种有效的途径。正视并解决家庭内部的矛盾，有助于消除紧张和对立情绪，恢复家庭的温暖与和谐。

通过这些具体的方法，可以有效地化解家庭中的冷暴力，让家庭成员间的温情重新流动，让家重新成为每个成员的心灵港湾。

从裂痕到修复：真实案例中的反思

在人生旅途中，人与人之间的关系总会经历起伏。曾经亲密的关系可能因为误解、争执或疏忽而出现裂痕。当这些裂痕出现时，我们常常感到心痛。然而，出现裂痕并不意味着结束，反而可能是修复或重建的起点。经过时间的沉淀和彼此的反思，我们常常会发现，爱与理解依然存在，只是需要更多的耐心和沟通去重新找回。

关系修复的本质是重建断裂的情感承重结构。

当然，修复不一定能消除所有裂痕，但可以在裂痕处形成弹性触点。当关系再次遭受冷暴力时，这些修复点反而会为关系的恶化提供缓冲地带。

冷
暴
力
现
场

一个陌生人的留言

我从未想过，我和伴侣的关系会走到几乎无法挽回的地步。起初只是一些关于谁做饭、不要乱扔垃圾的小摩擦，后来动不动就会爆发激烈的争吵。直到有一天，我们彻底失控，说出了"离婚"两个字。他摔门而去，一个多星期都没回来。这期间我打电话他也不接，发信息也不回，我感到极度绝望，仿佛失去了他，也失去了自己。我开始怀疑，这段关系是否已经彻底破裂，再也无法修复。

分开的日子里，我无法停止反思。我意识到，自己的固执和情绪化让我们陷入了僵局，也明白他同样在痛苦中挣扎。后来，我停止了"电话轰炸"，决定让彼此冷静一下。一个多月以后，我才发了一条信息，没想到他很快回复了。

我们约定见面，面对面时，气氛沉重而复杂。那次谈话比想象中更艰难，痛苦和误解像洪水般涌出，但正是这份坦诚让我们看到了彼此内心深处的伤痕。虽然裂痕依然存在，但我们选择了一起修复。我意识到，真正的修复不是回到从前，而是带着这些伤口，走向更深的理解和更紧密的联结。

一位心理医生的回复

听到你分享的这些经历，我能感受到你经历的痛苦和挣扎。关系中的裂痕往往让人感到无力，但你能够反思自己的行为，并勇敢迈出修复的第一步，这非常值得肯定。修复关系是一个漫长且需要耐心的过程，不可能一蹴而就。但通过诚实的沟通和互相理解，你们已经在朝着治愈的方向前进了。裂痕并不意味着结束，而是成长的契机。你们现在的努力，将为双方的关系带来更紧密的联结。

修复裂痕的过程复杂且充满挑战，但有许多方法可以帮助你顺利完成这一过程，增强双方的理解和信任。

（1）开展非暴力沟通。沟通是修复的核心，双方必须坦诚且尊重对方的表达和需求，避免使用责备或攻击性的语言，而是通过表达自己的想法来化解冲突。比如，聆听对方的观点，避免打断和预设立场，让对方知道你理解他的感受。

（2）站在对方角度思考问题。共情是关系修复的关键，理解对方的情感对处理问题非常重要。避免防御性的反应，比如遇到批评就立即反驳或为自己辩护。应先承认对方的情绪并表明你愿意讨论和解决问题。

（3）诚恳地道歉。无论多么微小的错误，都要真诚地承认并为此道歉。同时，解释当时的动机，避免为自己的行为找借口，并说明你愿意通过实际行动来修复关系。

（4）逐步重建信任。信任的恢复通常比道歉本身更复杂，比如，需要兑现承诺，提供支持和关怀，等等，而且要保持信息的透明和开放。

当然，逐步重建信任是一个循序渐进的过程。

首先，以实际行动巩固关系。

在沟通与和解之后，双方还需要通过实际行动来巩固修复的关系。这意味着不仅仅是情感上的和解，还需要在行为上有所体现。比如，改变过去导致冲突的行为模式，建立新的互动方式或沟通渠道，这些都是保持关系持续健康发展的关键。

在行动上做出改变，比如更开放的沟通、更积极的倾听，养成新的日常互动习惯，避免引发冲突的旧行为，通过点滴小事逐渐培养新的信任感。

其次，重新审视情感反应模式。

无论是亲密关系还是工作上的合作关系，冲突后的修复通常意味着双方需要重新审视自己的情感反应模式。在这段时间内，双方可能会感到脆弱，因此需要更加慎重地处理彼此的情绪变化。

比如，接受彼此的脆弱，避免刺激或再次引发冲突；调整互动方式，减少对旧有模式的依赖；建立更平衡的动态关系，确保双方都感到被尊重和重视。

最后，共同成长。

通过修复裂痕的过程，双方都有机会学习和成长。尽管冲突可能是痛苦的，但如果处理得当，往往会让关系更加牢固。在这个过程中，双方应把注意力放在未来的共同成长上，进一步加强理解与支持。可以将共同设定目标、分享愿景或增强合作作为这一阶段的重点。

比如，从裂痕中吸取教训，避免重复同样的错误；对未来有更积极的期待与共识；一起设定新的目标，建立更为稳固的关系。

在修复裂痕的过程需要双方投入时间、精力和情感。每个阶段都可能面临不同的挑战，这个过程往往会带来更加稳固和持久的联结。修复并不意味着回到过去的状态，而是利用在裂痕中获得的经验，获得更成熟、更有弹性的关系。

在生活中，许多人都面临着修复裂痕的问题。即便在最艰难的时刻，温柔与包容的力量仍能带来治愈和希望。虽然裂痕可能无法完全消除，但在修复的过程中，我们学会了如何更好地珍惜来之不易的情感。只要彼此心中依然怀抱真诚与爱，每一段关系都有可能重获新生。

第五章

职场冷暴力：

从无声压迫中

突围而出

　　职场冷暴力如同弥漫在空气中的雾霾，渗透在办公场所。虽然没有直白的指责，但被忽视、被孤立、被冷落的感受，如针般刺痛着人们的内心。

职场中的隐形敌人：别让冷暴力左右你的前途

在现代职场中，竞争不仅体现在显性的业绩上，有时更是一场无声的较量。冷暴力是其中的一种隐形挑战，它不像正面冲突那样明显，但造成的心理压力却真实存在。冷暴力让人感到被排斥，影响工作动力和信心，进而导致业绩下滑。那么，当我们在职场中感受到这类无声的竞争时，应该如何应对呢？

冷暴力现场

一个陌生人的留言

我一直认为自己在公司里表现不错，也多次获得表扬。然而，最近我感到越来越被孤立。特别是在团队讨论时，我的观点常常被忽视。同事的社交活动似乎也故意避开我。虽然没有人直接说过什么，但这种被忽略的感觉让我很受打

击，甚至开始怀疑自己的能力。由于心情压抑，我的工作效率也下降了，因为我觉得无论多努力，都无法获得真正的认可和归属感。我该如何摆脱这种状况呢？

一位心理医生的回复

你所描述的冷暴力现象在职场中是真实存在的，且具有极大的负面影响。首先，请不要过于自责或质疑自己的能力，这种情况可能并非与你的工作表现直接相关。你可以尝试主动与团队成员沟通，表达你的感受，并在讨论中更自信地分享你的观点。其次，尝试扩大社交圈，寻找更多志同道合的人，这会增强你的自信。最后，寻找能够支持你的人，无论是朋友、家人，还是职业导师，他们都能给你提供宝贵的建议和情感支持。

在工作中，冷暴力难以被察觉，它可能长期存在而不被发现，这种看似无形的压力对人的身心健康及工作表现存在极大的负面影响。

（1）工作动力的丧失。当职场人长期被冷落或遭受孤立时，原有的工作动力会逐渐消退。由于感受不到来自同事或领导的认可，职场人容易失去对工作任务的积极性，进而影响工作效率与质量。

（2）沟通能力的受限。冷暴力通常伴随着交流障碍，受害者在沟通中常被边缘化，重要信息或决策未能及时传递给他们。这不仅影响了工作的顺利完成，还削弱了职场人的沟通信心。长此以往，可能会导致表达能力的退化和自我封闭。

（3）创新能力的抑制。职场冷暴力对个人的创新思维也是一种无形的压制。由于担心自己的想法不被接受或遭到无视，职场人逐渐不愿意主动提出新观点，或为现有问题提供有新意的解决方案，既影响自身的成长，也影响公司的创新氛围。

（4）团队协作能力的削弱。冷暴力不仅会造成个体问题，还会影响到团队合作。被孤立的职场人的团队参与感下降，无法与其他同事进行有效协作，导致整个团队的沟通效率降低，工作流程紊乱，最终影响项目进展和目标实现。

（5）职业发展机会的流失。由于冷暴力的存在，职场人可能会错失晋升和提拔等机会，职场发展受到阻碍。缺乏与同事、领导的积极互动，职场人的职业潜力无法得到正确评估，进而影响他们的职业前景。

无声的竞争：给职场人的冷暴力化解攻略

　　职场冷暴力不是显而易见的竞争或冲突，而是一种通过同事间的排挤或轻视施加的精神压力。这种冷暴力往往难以被察觉，因为它隐藏在日常的沉默中，却能逐渐侵蚀我们的自信和热情。面对这种情况，重要的是不再保持沉默，不再让自己被孤立和忽视。我们可以勇敢地站出来，以温和而坚定的方式为自己发声，寻找支持和共鸣，从而走出冷暴力的阴影，重拾自信与力量。

冷暴力现场

一个陌生人的留言

我入职一家电器公司已经有十个月了，我始终想不通，勤勤恳恳跑客户做报表的自己，为什么会沦为办公室里的透明人。

三个月前主管拍着我肩膀说"年轻人要多历练"，转眼就把我手里的四个重点客户转给另一个小组的同事了。那天我看着空荡荡的客户管理表，就想问问主管为什么要做这样的调整，但敲在对话框里的文字迟迟没有发出去。更气人的是上周的华东区考察名单里，连入职三个月的实习生都加进去了，而我这个季度销冠却被排除在外。

最近发生的这一系列事件，让我感到非常的烦闷，当我走进主管办公室试图和主管聊一聊时，他却说这都是小事，叫我不要在意，然后敷衍地将我打发出来。

我突然对公司感到很失望，似乎大家都不把我放在眼里，我也许没有必要再在这里待下去了。

一位心理医生的回复

你遭遇的正是职场冷暴力。职场冷暴力的根源可能是领导或同事个人的情感投射，而非你的能力问题。建议你不要过度内化这种冷暴力，而应试着用积极的方式应对，比如向可信赖的同事寻求支持，或再次尝试与主管沟通，了解对方的真实想法和意图。同时，调整心态，将注意力集中到自己的职业发展目标上，而不要过分关注他人的冷淡态度。

作为影响职业发展的暗中力量，职场冷暴力背后的权力动态往往是隐晦而微妙的，主要表现为信息封锁、社交孤立、忽视贡献、冷漠回应、职责模糊。这些表现形式虽然不如直接冲突那么明显，却能通过长期积累对员工造成深远的负面影响。

面对职场冷暴力，我们可以用以下四个实用技巧化解。

（1）主动沟通以化解误会。主动发起对话，打破沉默是关键。通过面对面交流或邮件沟通，向对方表达你的感受，目的是找到建设性的解决方法，而不是指责对方。比如，如果在会议中感觉被忽视，可以礼貌地询问："我注意到我的观点没有得到回应，请问有什么我可以改进的吗？"这样既展现了积极态度，又给了对方回应的机会，从而破除僵局。

（2）让实力为你发声。冷暴力容易让人怀疑自己能力不足，最好的应对方法就是自我提升。当你专注于提高职业技能、学习新知识，并在工作中展现专业水准时，不仅能增强自信，还能赢得同事和领导的认可。比如，参与行业培训、考取证书、主动承担重要任务等，让你的价值更加明显，冷暴力自然会变得无效。

（3）找到你的职场盟友。孤军奋战很难应对冷暴力，建立一个职场支持网络非常重要。寻找志同道合的同事，或与其他部门的同事建立联系，增强自己的存在感。参加公司的社交活动或在项目合作中展现协作精神，能帮你结交到更多的朋友。这样，冷暴力行为会被积极的人际互动所替代，你的职场体验也会大大改善。

（4）该反映的时候别客气。当冷暴力涉及团队文化或管理问题时，合理反映是必要的。首先可以与直属领导进行非正式沟通，表达对当前情况的看法和提高团队凝聚力的愿望。如果情况没有得到改善，持续的冷暴力问题可以通过正式渠道，如通过人力资源部门来解决。保持冷静，理性陈述事实，通过合适的途径维护自己的权益。

尽管职场冷暴力经常影响人们的情绪，导致焦虑或抑郁，但内在的平静是最好的应对方式。所以，你还要做好自我调节，通过运动、冥想等生活习惯排解负面情绪，维持好工作与生活的平衡，保持乐观的心态。当心态积极时，冷暴力对你的影响力会大大减弱。

不再孤单：构建职场同盟与支持网络

在职场中，孤军奋战不仅让人感到疲惫，还可能降低工作效率和自信心。现代职场讲求团队协作，构建职场同盟和支持网络能够帮你打破孤立无援的局面，获得更多的资源与支持。与同事建立信任、互相支持，能让我们在面对挑战时更有底气，在分享成功时更具满足感。这样的同盟不仅能在工作中互相帮助，也能在心理上带来归属感与安全感，使我们在职场中感受到集体的力量。

你可能会发现：真正的职场同盟恰似有机的生态系统——无需刻意黏合，而是在彼此的价值共振中寻找同频。

这不仅是职场生存策略的升级，更是对职场文明的渴望：我们终将以同盟的温度，消融那些试图冻结人际关系的坚冰，让职业成长回归人性本应有的丰盈与舒展。

反冷暴力
心理学

一个陌生人的留言

我是新入职的市场专员，我很快发现，同事之间早已稳固地组成了小圈子。我尝试加入他们的讨论，但似乎每次都被忽略，渐渐地我开始感到自己被排斥。每天上班时，我感到孤单，工作上遇到问题时也不知道应该向谁求助。我觉得自己无法融入团队，甚至开始质疑自己是否适合这个职位。

一位心理医生的回复

你所感受到的孤立在职场中并不罕见。新环境中的同盟关系需要时间去建立，而且要主动出击。首先，你可以在一些小范围的活动或项目中寻找机会与某位同事深入合作，建立一对一的信任关系。其次，表达你的情绪和感受，让团队成员了解你也愿意提供支持和帮助，逐步打开交际的突破口。职场支持网络不仅仅是同事间的交流，它更像是互相帮助的成长路径，慢慢地，你会构建属于自己的职场同盟。

构建职场同盟的重要性

注重职场同盟与支持网络的构建对个人职业发展和工作满意度至关重要，其主要表现在以下方面。

（1）提高团队协作力与效率。职场同盟能够促进团队内部的协作。通过与同事建立良好的关系，能使信息共享更加顺畅，工作任务的执行也更有效率。互相信任的同盟能减少沟通障碍，提升工作质量和效率。

（2）提供心理支持与归属感。职场支持网络让员工在面对压力时不再孤单。在工作中遇到挑战或困境时，有一个可靠的支持网络，能为你提供情感上的安慰和心理支持。这种归属感能够帮助你缓解焦虑和孤立感，使你在职场中感到更加安全和自信。

（3）拓展职业机会与资源。强大的职场同盟有助于拓展职业机会。通过与职场同盟保持良好的关系，你可以接触到更多的资源和信息，获得项目合作机会、晋升渠道或职业建议。同盟可以为你打开新的大门，助力职业发展。

（4）促进创新与成长。支持网络还能为个人成长和创新提供良好的环境。在一个互相信任的团队中，不同成员能够分享各自的经验和想法，彼此借鉴并推动创新。而且，通过支持网络中的反馈与建议，你也能不断修正工作方式，提升自身的专业水平。

（5）应对职场挑战和竞争。职场往往充满竞争和压力，有时还要面临复杂的人际关系。同盟关系能够帮你应对这些挑战，减少冲突。在你面对职场困境或竞争时，支持网络能够为你提供战术建议、信任资源以及情感上的支持，助你化解压力。

构建职场同盟与支持网络不仅能帮你提高工作效率，还能为你的职业发展提供重要的支撑。在现代职场环境中，这些关系是你保持竞争力和获得职业成功的关键。

构建有力的职场同盟与支持网络

在职场中，每个人都可能有过那种感觉：面对挑战时无人可依，或在遭遇不公平对待时只能默默承受。然而，职场并不是一座孤岛，关键在于你如何去构建职场同盟与支持网络。

（1）主动识别关键人物，建立关系桥梁。不同的人对你的职业发展影响各异。有些人对你的职业晋升具有关键性影响，如直属领导、高层管理者，或者是团队内的意见领袖。要主动识别这些关键人物，了解他们的工作风格、兴趣爱好和沟通方式，找到与他们建立联系的切入点。

可以通过工作上的主动协作、在会议上有针对性的提问，或是在社交场合中的轻松交流，来逐步拉近彼此间的距离。关键在于，建立关系的过程中，要真诚自然，避免急功近利。

（2）找到志同道合的盟友，建立互助小组。在公司内外寻找志同道合的人，组成一个小而精的互助小组，可以为自己带来极大的支持。这些盟友可以是同级同事，也可以是其他职场上有类似经验或目标的人。

互助小组内的成员定期地沟通交流，可以共同讨论工作中的困境、分享成功经验，甚至为彼此提供情绪上的支持。这种小圈子虽然规模不大，但因为信任度高、关系紧密，其带来的助力也不容小觑。

（3）不要忽略"弱联结"的力量。你常常倾向于将精力投入

"强联结"，也就是那些关系较为密切的人际网络上。但研究表明，"弱联结"往往能提供更多的新机会、分享更多的信息。职场中的"弱联结"可能是曾经的同事、合作过的客户、行业内认识但不常联系的人。

定期维护这些"弱联结"，可以通过社交媒体互动、偶尔的问候邮件或线下活动中的简单交流，保持关系的活跃度。这些看似不重要的联结，往往能在关键时刻为你带来意想不到的帮助。

（4）掌握倾听的艺术，成为别人网络中的重要一员。要构建一个支持网络，不仅要得到别人的帮助，更要懂得如何给予别人支持。倾听是一种强有力的工具，当你能够认真倾听他人的想法和困惑时，你就在无形中为别人提供了一种情感上的支持。

你可以主动在对方需要时提供帮助，哪怕只是一个建议或一份文件的分享，都可以增加你在他们网络中的价值和提高你的地位。这种先付出的策略，往往能让你在构建职场同盟时更具影响力。

（5）发展职场导师与职场伙伴的双向关系。职场导师可以为你的职业发展提供指导和建议，帮你避开常见的职场陷阱；而职场伙伴则是和你处于相似职场阶段、可以一起成长的同事。前者可以通过公司内的导师计划或行业内的专业培训来寻找，而后者则可以从日常工作中的同事、项目组成员中发掘。发展这两种关系，可以让你在不同的职场情境下都能获得适当的支持和反馈。

（6）在公司文化中寻求支持网络的契机。每家公司的文化氛围都不同，但大多数公司会有一些鼓励员工交流的活动或平台，比如团队建设、培训、社交活动等。你善于抓住这些机会，主动参与并结识新朋友，从而自然地构建职场网络。

同时，也可以利用公司的沟通工具或平台，如企业内网、即时通信群组，积极分享自己的见解和信息，提高在公司内部的知名度。

职场中的同盟和支持网络，不是一朝一夕就能构建起来的。它需要你主动去联系、去帮助别人，同时也要愿意接受他人的帮助。这样，才能让你在职场的波折中，不再感到孤单，而是始终有一张充满力量的"安全网"。

第六章

挣脱束缚：走出
冷暴力的
阴影

冷暴力这种无声的风暴会疯狂地侵蚀我们的心，让我们觉得孤单无助。然而，就像冬天过后大地复苏一样，我们也能在痛苦中找到自己的力量，坚定地逃离风暴，重新感受生活的温暖与希望。

内心强大：迈出告别冷暴力的第一步

　　冷暴力就像隐形的枷锁，在人际关系中无处不在。它不仅让人感到孤独和无助，还可能严重影响人们的心理健康。

冷暴力现场

一个陌生人的留言

　　我曾经在一段关系中遭遇冷暴力。每当我试图与伴侣沟通时，他总是沉默以对，甚至对我的感受漠不关心。这样的冷落让我感到无比孤独，仿佛我的声音被淹没在了无尽的黑暗中。我开始自我怀疑，觉得自己是不是做错了什么。渐渐地，我变得内向，不愿与他人交流。一次偶然的机会，我参加了一场心理讲座，讲师提到冷暴力的危害，提醒我们要勇敢面对自己的情感。我决定不再沉默，向朋友倾诉我的感受，并寻求他们的支持。在他们的鼓励下，我给伴侣写了一封信，表达了我的痛苦和期望。虽然他反应冷淡，但是对我来讲意义非凡，因为我迈出了主动沟通的第一步。就算他暂时不回应我，但我的情绪得到了释放，明显没有以前那么难过了。

一位心理医生的回复

首先我要为你能够勇敢表达自己的感受点赞。这证明你已经开始意识到修复自己的情绪。以后，你可以通过保持与值得信任的人沟通，分享感受，疏解自己内在的情绪。很多时候当你将憋在心里的事说出来，你就不会在内心重伤自我。另外，你通过写信的方式表达情感也很棒，以后你可以为自己写日记，随时记录让自己感觉情绪不好的小事件，书写的过程本身也会有疗愈和理解自己内心的作用。希望你早日摆脱冷暴力的影响，过上幸福的生活。

冷暴力对人际关系的影响深远而长久，它像一把无形的尖刀，逐渐割裂人们内心的防线，留下难以愈合的伤口。认清冷暴力的影响并采取措施，才是保护自己心理健康的第一步。

（1）勇敢面对，承认阴影的存在。冷暴力让人痛苦，但最难的一步是承认它的存在。无论是他人的冷漠还是无视，都不该成为你怀疑自己价值的理由。你需要做的是停止逃避，正视问题，意识到你所感受到的冷暴力是真实存在的，这样才能为改变打下基础。你可以这样对自己说："发生的一切是真实的，我要承认这一切，我要改变这种现状。"

（2）打破静默，用声音找回自我。冷暴力将沉默变为一种武器，但你可以用语言来夺回力量。通过清晰、有力的表达，让对方知道你的感受和需求。你可以说："你不可以这样对待我。我需要被认真回应。"你有权让自己的声音被听见，即便对方选择忽视，主动表达也将帮你释放内心的压力，打破情感上的孤立感。

（3）设立边界，为心灵筑起一道防线。情感边界是你在冷暴力中保护自我的坚实防线。你必须学会区分哪些是你愿意承受的，哪些是你无法容忍的。设立边界并不是自私，而是一种自我尊重。当冷暴力威胁到你的心理健康时，应该立即采取行动保护自己，比如，你可以表达你不愿接受的事，也可以拒绝接触让你内耗的人。

（4）冷暴力带来的最大创伤其实是内心深处的自我怀疑和不自信。你需要通过自我关怀和积极的生活方式，慢慢修复被冷漠侵蚀的心灵。无论是健身、阅读还是培养其他兴趣爱好，只有照顾好自己的情绪和身体，才可能帮你找回生活的意义和乐趣。

（5）集结力量，借助他人的肩膀。冷暴力常常让人感觉被孤立，但你并不需要独自承受这种情感重负。向朋友、家人倾诉，或寻求专业的心理支持，让他人的关怀成为你坚强的后盾。通过交流，你不仅能获得情感上的支持，还能得到更加客观的看法，帮你走出迷雾。

（6）重新评估，为未来做出明智选择。冷暴力常常是一段不健康关系的信号灯。你需要重新审视这段关系，看看它是否值得你继续投入。如果对方没有改变的意愿，那么是时候为自己做出选择，放手并为真正能带给你幸福与关爱的关系腾出空间。

内心觉醒：从心底萌发的新力量

在忙碌和困惑中，我们常常与自己的内心失去联结，被外界的声音淹没。然而，正是在那些看似无法走出的低谷中，让我们的内心开始悄然觉醒。我们逐渐明白，真正的力量并非来自他人的支持或认同，而是来自内心的坚定和清醒。通过重新认识和接纳自己的不完美，我们能从心底萌发出新的力量。这种力量不仅能帮助我们迎接生活的挑战，还能帮助我们找到前所未有的平静与自由。

这时，你会发现，即使当下的生活中冷暴力横行，但他人的冷漠再也不能模糊我们的心灵；外界的否定不会对我们的能力产生任何削减作用……

一个陌生人的留言

冷暴力现场

　　我一直以来都觉得自己被生活的重担压得透不过气。工作上的压力、家庭的琐事，让我感到无力和焦虑。每当我想表达自己的想法时，都会因为害怕他人的评价而选择沉默。我开始怀疑自己的价值，觉得自己无论怎么努力都不够好。有一天，我实在撑不下去了，内心的那分无助达到了顶点。就在那一刻，我决定停下脚步，开始审视自己的内心。我问自己："我真正需要的是什么？"这个问题让我意识到，生活的意义不在于迎合别人，而是找到属于自己的步调。慢慢地，我学会接纳自己的情绪，不再因为别人的期待而苛求自己。

一位心理医生的回复

　　你的经历让你在被外界的压力推至极限时，选择了向内探寻，这正是心理学中"自我觉察"的重要过程。每个人都会在生活中遇到挫折和迷茫，然而，只有当我们开始关注自己的内在需求，接纳真实的自己时，才能找到内心的力量。自我接纳本身就是个人成长的起点，通过学会与内在的自己对话，我们能够更加清晰地认识到自己的情感和需求，从而找到力量去面对外界的挑战。这种觉醒不仅让人更加坚定，也更能让我们感受到生活的丰富与美好。

内心觉醒就像找回了一把开启自我的钥匙。你可能没有意识到，许多情绪并没有消失，而是被你暂时搁置在心灵的角落。觉醒并不是一瞬间的顿悟，而是一个逐步发现和唤醒内在力量的过程，因此我们要重视内心深处的自我觉醒。

（1）读懂自己。这是觉醒的第一个标志。你不再用"好"或"坏"这种标签化的方式来定义情绪，而是更愿意去探究它们背后的原因。比如，当自己生气时，不再觉得不该生气，而是好奇："我为什么会生气？是不是因为没有得到理解？"你会发现，生气或冷漠，其实背后常常隐藏着未被满足的期待或想要表达的需求。

（2）敢于表达。冷暴力常常是人们无意识的自我保护，然而，这种保护方式却在不知不觉中把关系推向了冷漠的深渊。觉醒，能让你认识到冷暴力不仅无法解决矛盾，反而让双方都陷入无声的痛苦中。

在觉醒后要敢于表达，遇到冲突或不满时，真诚地说出"我感到不开心，因为我觉得自己没有被理解"，这不意味着软弱，而是对自我需求的尊重和接纳，让你在沟通中更自信、更真诚，同时也令人际关系更加稳固和温暖。

（3）察觉内在力量。觉醒带来了一种全新的力量，它源自内心的安定和自信。无论遇到什么样的情况，自己都能冷静地面对，不需要依赖冷漠或疏离去保护自我。觉醒后的你更加真实、平和，也更加自由。这种新力量，不是强硬地与他人抗衡，而是温柔地与自己和解，让人学会温柔而坚定地表达自己的想法，勇敢地面对情绪。

疗愈自我：重拾信心与快乐的心灵法则

　　冷暴力通过长期的忽视、沉默和冷淡削弱了我们的自信，导致我们在情感上被孤立，内心被困惑缠绕。因此，学会自我疗愈是每个人成长过程中的一门必修课。通过关怀自己，管理情感，我们能够逐步摆脱冷暴力的负面影响，重拾内心的力量。

冷暴力现场

一个陌生人的留言

　　我曾经因为工作压力和人际关系的不顺而陷入深深的低谷，每天都感到无比疲惫，甚至怀疑自己的能力。慢慢地，我变得孤僻，不愿与朋友交流，内心充满了自我否定的声音。一次偶然的机会，我遇到了一位心理医生，了解到了自我疗愈的重要性。于是，我开始记录自己每天的感受，写下那些让我快乐的小事，逐渐发现生活中依然有许多值得珍惜的瞬间。随着时间的推移，我学会了倾听自己内心的声音，逐步重拾了自信，甚至开始主动与朋友联系，重新建立起积极的人际关系。这个过程让我明白：心灵的疗愈需要时间，但只要愿意努力，就能找回那个快乐的自己。

一位心理医生的回复

你在自我疗愈的过程中展现了极大的勇气和自我觉察。能够主动记录感受并积极寻求改变，是重建内心力量的重要一步。心理学中提到，情感表达和自我反思可以有效帮助我们理解自己的需求，缓解心理压力。你提到主动与朋友联系，这是非常关键的，因为良好的人际关系能为我们提供支持与鼓励。在未来，继续保持对自我的关注与爱护，定期回顾自己的情感状态，都有助于你进一步巩固信心。记得，心灵的疗愈是一场持续的旅程，每一个小小的进步都是值得庆祝的。你正在走向更加充实、快乐的生活，继续加油！

修复冷暴力带来的创伤需要耐心和温柔地对待自己。为了走出冷暴力的阴影，以下几种实用且温和的方法可以帮你一步步疗愈心灵，重新找回力量与快乐。

（1）情感表达，把沉默变成自我释放的机会。冷暴力常让我们陷入沉默，积压的情感得不到宣泄，痛苦逐渐累积，因此学会表达感受是修复创伤的关键。可以尝试每天写心情日记，记录情绪和内心想法，比如，你可以每天花十分钟，写下让你感到焦虑、悲伤或失落的事情，同时记录生活中的温暖瞬间。这有助于你清晰地看到自己情感的波动，意识到内心的需求，并找到释放情绪的出口。

（2）寻求支持，让温暖的联结填补冷漠的空洞。冷暴力使人感到孤单，而向外界寻求支持能够帮你重建温暖的关系网。向亲密的朋友、家人倾诉，或参加支持小组，都是疗愈的有效方式。比如，可以每周主动联系一位信任的朋友，进行简短的交流，不必谈论冷暴力，可以聊聊轻松的话题。重新建立积极的互动，能让你不再感到孤单，获得情感支持。

（3）设立情感界限。冷暴力模糊了人与人之间的界限，使我们在情感上迷失。设立清晰的情感界限可以帮你避免再次受到伤害。当对方的冷漠让你感到不适时，告诉自己："我不必承受这种冷漠。"在合适的时机，以平和的语气表达你的感受，并提出期望。如果对方不理解或不愿改变，你就需要评估这段关系的未来。

（4）自我关怀，将温柔还给自己。冷暴力让我们忽视了自我关怀，过度关注他人的情感反应。自我关怀是一种恢复力量的方式，每天为自己留出"自我关怀时间"，做些让你放松的事，如泡澡、喝茶、阅读或冥想。你可以在早晨或睡前花五分钟，闭上眼，关注呼吸，感受内心的宁静。

（5）培养新的兴趣，找到内心的快乐源泉。冷暴力让我们失去了对生活的热情，而通过培养新兴趣，可以重新发现生活的乐趣，激发创造力。比如，你可以尝试一项一直想做却没有开始的新活动，如学习乐器、绘画、写作或烹饪。你不需要成为专家，只需享受过程。每周为新兴趣留出固定时间，感受小小的成就感。

通过这些具体的方法，你可以一步步重拾信心与快乐。疗愈需要时间，但每一个小小的进步，都会让你离内心的平和与幸福更近一点。记住，你值得被关爱与理解，无论经历了什么，最终都能找到属于自己的光明与温暖。

重建关系：让温暖重新融入生活

当人们处在冷暴力的阴影下时，关系中的爱与温暖逐渐消失，取而代之的是冷淡与疏远。然而，重建关系、重新点燃温暖并非不可能。通过坦诚沟通，感受对方情绪，重拾理解与支持，关系仍有可能被修复。那么，当冷暴力将生活中的温暖驱散，我们该如何重新建立那份破裂的关系呢？

冷暴力现场

一个陌生人的留言

　　我在一段长达五年的婚姻中，逐渐和丈夫失去了沟通。我们的对话从关心和支持变成了简短的问候，直到后来几乎无话可说。我感到孤独和被忽视，虽然我们生活在同一个屋檐下，但彼此仿佛成了陌生人。起初，我选择了忍耐，希望问题会自动消失，但情况并未改善。我意识到这样下去，我们的婚姻终将名存实亡。于是，我决定主动打破沉默。一天下午，我向他坦白了内心的孤独和痛苦，尽管我的声音有些颤抖，但这是我内心的真实感受。我问他是否也感到冷漠，我们还能否重新找回曾经的温暖。那一刻，他沉默了，但几天后，他开始回应，诉说了自己的压力和无助。从那时起，我们开始每周安排一次真诚的对话，不再逃避彼此的感受。慢慢地，我感受到我们关系中再次出现了久违的温暖。

一位心理医生的回复

你的经历说明了冷暴力中的一个重要心理现象：逃避和压抑情绪会导致情感隔离，进而加剧关系中的疏离感。冷暴力通常是一种被动的防御机制，双方都避免冲突，却无形中加深了痛苦。重建关系的关键在于主动沟通，坦诚分享自己的情感需求。心理学中有一个概念叫"情感验证"，即通过倾听和回应对方的情感，让对方感受到被理解和接纳。通过这种方式，可以重新建立信任和情感联结。此外，建立规律的沟通机制，帮助双方学会表达并解决潜在的情感冲突，是修复关系的重要一步。记住，修复关系是一个循序渐进的过程，需要双方的努力和耐心。

长时间的冷暴力令信任和亲密感消失，留下的只有痛苦和不满。所以，重建关系在消除冷暴力这一现象的过程中非常重要。

以下几种方法可以帮你打破情感隔阂，重新建立起温暖的关系。

（1）主动开启对话，坦诚地表达感受。当你感到关系中出现冷暴力的迹象时，主动沟通是恢复情感联结的重要一步。选择一个安静的时间，比如散步时，坦诚地表达感受。你可以说："我感觉我们最近有些疏远，我有点儿难受，不知道你是否也有类似的感觉。"这样温和的表达不会让对方感到被指责，反而为对话创造了开放的空间，鼓励对方分享感受。通过打破沉默，重新搭建情感交流的桥梁，避免因不沟通而加剧彼此间的误解。

（2）练习倾听，理解对方的立场。在对话中，真正的倾听是重建关系的关键。当对方表达他们的感受时，不要急于回应或辩解，而要认真倾听并理解他们的情绪。比如，当对方说完后，可以总结他们的感受："听起来你最近也感到很有压力。"

这种回应让对方意识到你在认真倾听他们的想法，并且感到被关心。倾听不仅能够缓解对方的情感压力，还能帮助彼此更好地理解冷暴力背后的原因，为解决问题创造契机。

（3）小行动传递关怀，重建温暖的日常。细微的关怀举动能够帮助你重建亲密感。比如，当对方忙碌时，主动为他们准备一杯茶，或是在他们疲惫时给一个温暖的拥抱。这些无需言语的小行动能够让对方感受到你的在乎与关心。

在对方下班后，问一句"今天过得怎么样？"，或者为对方准备早餐。通过日常的关怀，逐渐打破冷漠的情感屏障，让关系中的温暖一点点回归。

（4）重温美好回忆，增强情感联结。可以一起翻阅旧照片，或重访两人曾经去过的特别地点。你可以在一个周末提议："我们去第一次约会的地方，好吗？我觉得那时候我们很开心。"

这种回忆能唤起积极的情感体验，让双方记起关系中的美好时刻，重新唤醒那份感情。

（5）从小事做起，共同参与活动。你可以从履行小承诺开始，确保对方感受到你的认真。比如，如果答应和对方共度某个时间段，务必遵守承诺并按时完成。这样的做法可以逐步积累信任感，让对方感受到你对关系的认真和负责。

你们可以一起报名健身课程、学习新技能，或发展新的兴趣爱好。这种共同活动有助于恢复互动和合作，打破冷漠。询问对方是否愿意和你一起规划一次短途旅行，探索新环境、体验新事物，让互动重新活跃起来。

重建关系，让温暖重新融入生活需要持续的努力和耐心。通过主动表达、倾听、关怀、共同参与活动等实操性方法，冷暴力环境中的关系可以逐渐被修复，重新充满理解与温暖。

重生方法：如何成功走出冷暴力的阴影

　　每个人都难免经历低谷，此时，仿佛黑暗吞噬了一切，让人看不见前方的光明。然而，总有一些人在绝望中顽强挣扎，最终从黑暗中走出，迎来重生。

冷暴力现场

一个陌生人的留言

　　我在充满冷暴力的家庭中长大，父母虽然为我提供了物质上的支持，却从不关心我的感受。每当我试图分享心事时，得到的永远是沉默。有时候，他们几天都不和我说一句话，就像我是家里的隐形人。这种压抑的氛围让我开始怀疑无论我多努力，都无法得到他们的认可和爱。为此，我陷入深深的痛苦中，情绪非常低落。

　　改变的契机出现在大学时期。当时，一位室友注意到我的情绪异常，主动向我伸出援手。她陪我参加心理辅导课程，并建议我尝试做一些自己真正喜欢的事情。在她的鼓励下，我开始尝试绘画，通过画笔表达内心的情绪。随着时间的推移，我逐渐获得了设立界限的勇气，并开始向父母表达自己的感受。尽管他们的态度没有立刻改变，我却能感受到自己在一点点走出阴影，逐渐重建自信，并重新燃起对生活的热爱。

一位心理医生的回复

长期处于冷暴力的环境中，会让人习惯性地忽视自己真正的感受。你的经历展现了在困境中寻找突破口的重要性。接受心理辅导和从事艺术活动帮你释放情绪、找回自我，这是非常有效的应对策略。未来，要继续建立和发展那些能给予你正向支持的人际关系，同时，定期关注自己的情绪变化，适时寻求专业帮助，可以让你在自我成长的道路上走得更稳健。你的重生故事，给了许多人勇气和希望。

摆脱冷暴力之前会经历哪些阶段

在摆脱冷暴力、重新找回自我的过程中，通常会经历几个重要的阶段。

反冷暴力
心理学

第一阶段：觉察问题，意识到自己身处冷暴力的环境中。

起初，许多人很难立即意识到冷暴力的存在。然而，当心中的失落感和空虚感不断加重时，你就会意识到自己一直在忍受一种无形的伤害。认识到问题的存在，便是迈出改变的第一步。

第二阶段：深陷低谷，陷入自我怀疑和情绪崩溃。

一旦意识到冷暴力的影响，随之而来的往往是情绪的低谷。长期的冷淡和忽视，会让你不自觉地开始怀疑自己：是不是自己真的不值得被爱？是不是自己哪里做得不够好？这种自我怀疑会让人陷入极度焦虑、深度压抑，甚至感到绝望。这是最痛苦的阶段，因为你开始看清真相，却又不知道如何改变。

第三阶段：反抗和挣扎，产生想要改变的冲动。

在低谷里待久了，你会开始反抗，渴望摆脱这种无声的折磨。这种反抗通常伴随着不断地挣扎和反复。你可能会尝试与对方沟通，但结果往往不尽如人意；或者你会试图调整自己的心态，但总感觉情绪还是被对方的冷淡影响着。这个阶段像是在黑暗中摸索，虽然看不到尽头，但每一次尝试都是向着更好的方向在努力。

第四阶段：设立界限，打破旧有的习惯。

要真正摆脱冷暴力的束缚，你需要学会设立界限，停止一味地迎合别人，开始关注自己的需求。这意味着对不健康的关系说"不"，不再默默承受对方的冷漠。设立界限的过程可能会让你失去一些人，但这是走出困境的关键一步。

第五阶段：积极向外寻找支撑，重获生活的力量。

当你开始设立界限，摆脱旧有的影响时，需要一些外在的支持来帮你重建自信。找到能够给予你温暖和理解的人，比如朋友、家人，或者寻求心理咨询的帮助，这些都可以成为你重建自我的力量。

走出冷暴力阴影的重生方法

走出冷暴力的阴影需要内外兼修，以下提供了几种切实可行的方法。

（1）情绪外化，给痛苦一个具体的容器。很多人在遭遇冷暴力后会感到情绪是模糊的、无力宣泄的。你可以尝试将这些痛苦具象化，把它们当成一个物体去面对。比如，每当感到被忽视时，就可以在纸上画出自己此刻的心情，或写下这些情绪，并将纸撕碎、丢弃。这个过程可以帮你将内在的情绪释放出来，让它们变得可见，而不再只是内心的隐痛。

（2）安排"断联时刻"，短暂远离负面关系。在不影响生活的前提下，试着每天安排"断联时刻"，暂时远离施加冷暴力的人，哪怕只是短短的半小时。在这段时间里，专注于自己喜欢的事情，如阅读、运动、听音乐等，让自己完全沉浸在积极的体验中。通过这种方式，你可以逐步建立起属于自己的安全时刻，减少负面关系对情绪的影响。

（3）运用"情绪账本"，记录自己的情感支出和收益。每天记下自己的情绪状况，就像记账一样，写出"今天的情绪支出"（消耗情绪的事件）和"情绪收益"（带来正能量的事情）。这样可以帮你更清晰地了解哪些事情消耗了你的能量，哪些事情带来了快乐。当你看清楚情绪的"账单"时，能更有针对性地避开那些消耗情绪的因素，逐步改善情感状况。

（4）建立自我对话，每天和自己谈心。每天花几分钟和自己进行一次自我对话，可以是对着镜子，或是在安静的地方，像和朋友聊天一样，问问自己今天过得怎么样，有没有哪件事让自己感到不舒服。这种方法能帮你更好地觉察自己的情绪，给予自己关怀和鼓励，让内心的力量慢慢积累起来。

此外，培养独立小爱好等同样适用于此。这些方法的核心在于逐步重建自我价值感，减少外界对自身情绪的操控，让你远离冷暴力的阴影，靠近内心的光亮。

第七章

重塑幸福：开启

自由与精彩的

人生

在冷暴力的阴影下，我们往往会有迷失感和束缚感。然而，一旦鼓起勇气走出这个无声的牢笼，生活将会焕然一新。

告别阴影：重新定义你的幸福生活

有一天，你突然醒悟，意识到自己值得被温柔相待。这将成为你改变的起点。你开始关注自己的感受，重视内心的平静与力量，不再把快乐寄托在别人是否认同你上……在这个过程中，你重新找回了属于自己的幸福和光芒。

冷暴力现场

一个陌生人的留言

过去几年，我一直在一段充满冷暴力的关系中挣扎。那种被忽视的生活让我每天都觉得自己毫无价值。一次深夜，我猛地发现镜子里的自己早已没了往日的光彩，我开始反思，并决心结束这段糟糕的关系。然后，我开始关注自己的需求，尝试新的爱好，结识温暖的朋友。一步步地，我重新找回了对生活的热情，终于不再因为他人的态度而否定自己。

一位心理医生的回复

你的故事充满了勇气，令人深受鼓舞。冷暴力带来的阴影常常让人陷入自我否定的泥潭，而你选择了迈出第一步，这非常值得称赞。重新关注自我，拥抱新生活，是治愈自己的关键。请继续温柔地对待自己，探索真正让你感到充实的生活方式。记住，幸福是一种选择，你的内心力量才是通往自由与喜悦的源动力。

摆脱冷暴力，重塑幸福生活实际上是一场心灵重塑。在这个过程中，你需要尝试做到以下几点。

（1）重拾自我，赋予自己新的定义。想要摆脱冷暴力，第一步是放弃那些在冷暴力中形成的"我不够好"的想法，进行自我重塑。比如，你可以在纸上写下自己的优点、能力，甚至是你的独特之处，并时常审视它们。不要急于与他人对比，而是学会欣赏自己的小步成长，让"自己喜欢的自己"慢慢清晰起来。

（2）通过"内在需求日记"，倾听自己内心的声音。尝试记录你的内在需求，比如：今天有什么让你不安的事？你需要怎样的情绪支持？每周分析一次这些记录，渐渐地你会发现自己的情感模式。培养一种回应内心的能力，去满足那些未被关注的需求——这会为你的内在增添更多温暖和力量。

（3）设计"探索清单"。在冷暴力中，人往往失去了探索的勇气。现在是时候为自己设计一份"探索清单"。写下那些你想尝试的活动、未曾接触的领域，每个月完成一项。无论是学习一种乐器，还是尝试一次独自旅行，每一次新鲜的体验都会唤醒你的生活热情，让你从阴影走向光明。

（4）寻求疗愈同行者。疗愈的力量在于陪伴。寻求可信赖的同行者，无论是心理咨询师，还是理解你的朋友。建立一种分享机制，允许自己坦诚地表达情绪和伤痛，这种释放会逐步治愈你的内心，重新定义人与人之间的温暖和信任。

（5）进行觉察练习。冷暴力带来的阴影，是成长的提醒。不纠结于过去，学会关注当下的每一个细节。每天花几分钟进行觉察练习，去感受阳光的温度或品尝食物的味道，这些微幸福可以帮你与生活建立联结，不再为过去的伤痕所纠缠。

除此之外，你还可以利用前面学到的其他方法来重新获取幸福生活，比如，进行自我关怀、设立情感界限等。

积极思维：每天都是新的可能

　　摆脱冷暴力的阴影，重见光明的第一步便是培养积极的思维。冷暴力容易让人陷入无力和自我否定的循环，但积极的思维则能为我们注入新的力量，让我们看见改变的可能。积极思维是用一种建设性的视角看待当下的困境，相信自己有力量去选择新的开始。每天给自己一个积极的暗示，哪怕只是"今天的我比昨天的更好一点点"，这种微小的力量也会带来不可思议的变化，让每一天都有拥抱幸福的全新可能。

　　注意，积极思维的本质是建立可持续的"心理代谢系统"——不是强行用正能量覆盖创伤，而是通过可验证的微小进步，逐步置换原有的消极认知模式。

一个陌生人的留言

我曾觉得自己被困住了，四周是无声的冷漠和忽视，每天都被质疑、自我怀疑包围。但我逐渐意识到，唯一能改变的就是自己的思维方式。我开始每天给自己一个积极的暗示，比如"今天我会更专注于自己的进步"。这个小小的积极暗示，逐渐让我看到了一丝光亮，驱散了无力的感觉。积极的思维让我意识到，虽然环境暂时没有改变，但我的内心可以有一个新的方向。

一位心理医生的回复

积极思维让你从被动的受害者角色中走出来，找回了选择的力量，这是非常重要的心理转变。积极思维并不是逃避现实，而是让自己在艰难的处境中找到新的立足点。保持这种做法，每天给予自己小小的鼓励，你会发现，这种内心的力量是带领你走出阴影的关键。继续温柔地对待自己，相信自己有力量去迎接更好的未来。

拥有积极思维，我们就能在日常生活中积累正向能量。为此，你可以试试以下方法。

（1）每天进行自我肯定。自我肯定是让自己逐步养成正面思维的有效方式。通过肯定自己的小进步和优点，打破自我否定的循环。比如，每天写下三句自我肯定的话，比如"我今天努力了""我很好地与朋友沟通了""我可以应对挑战"。通过这种练习，逐步建立起对自己的正向看法，不再轻易受到外界影响。

（2）进行情绪管理，设立"情绪停顿"。面对负面情绪时，习惯性的反应容易加重消极情绪。通过设立"情绪停顿"，可以防止情绪失控。比如，当出现负面情绪时，尝试深呼吸三次，问自己"我能从这个情绪中学到什么？"或"我该如何看待它？"。这一停顿会让我们从情绪中抽离出来，用更平和的方式面对当下的情绪，让消极情绪不再占据主导地位。

（3）练习"重新框定"思维。遇到困境时，积极思维可以通过"重新框定"来寻找新的理解角度，从而减轻负面情绪。当面临挫折或压力时，试着问自己："这个情况有什么潜在的积极意义？""我可以从中学到什么？"这种思维方式能让我们以成长视角看待问题，将困境转化为提升的契机。

（4）关注生活中小小的积极体验。积极思维不是一蹴而就的，而是日积月累的。日常中，每一个小小的积极体验都可以成为内心的支撑。每天花一两分钟记录当天令你愉悦的小瞬间，比如傍晚散步时的夕阳、与家人的一个拥抱。这会帮你在困境中更容易找到希望，从小事中不断积累正向能量。

此外，正念练习等同样有助于培养积极思维。积极思维的培养是一个不断积累的过程，通过使用这些方法，我们可以在面对生活的挑战时拥有乐观的心态，用更成熟的方式应对人生的起伏。

长久温暖：持续幸福的关键秘诀

温暖并非来自单方面地付出，而是自我接纳和对他人理解的结合。当你试着用温暖的心去打破冷漠，学会沟通、理解和包容，那么关系中自然会流动着暖意，即使面对冷暴力，你也能找到内心的平和，迈向幸福的生活。

冷暴力现场

一个陌生人的留言

最近一年，我和伴侣几乎不再交流，家中总是冷冷清清的，像是有无形的隔阂。不管我如何尝试沟通，对方总是冷淡地回应甚至干脆无视。有时我情绪崩溃，几次争吵后，我也开始沉默，以避免一切可能引发冲突的话题。生活在这样的环境中，我越来越觉得孤独。

一位心理医生的回复

很多时候，冷暴力背后是未解决的情绪和沟通障碍。要打破这种局面，首先要承认自己的感受，不把自己的幸福完全寄托在别人的反应上。试着用一种温和但坚定的方式表达你的感受，比如说"我觉得……因为……"这样的句式，既不带指责又能让对方理解。同时，鼓励对方分享他的想法。在问题难以自行解决时，可以考虑寻求婚姻咨询或专业帮助来更好地理解彼此的情感需求。真正的幸福需要温暖的交流和有效的沟通。

在摆脱冷暴力的漫长旅程中，一些小细节常常被我们忽视。然而，正是这些小细节背后的温暖瞬间，在潜移默化中为我们提供心灵支持，成为我们重建自我、恢复信心的重要力量。

（1）温暖的微笑或关心的问候能够在瞬间改变我们的情绪。当我们经历冷暴力的压迫，内心充满焦虑与孤独时，来自他人的一声问候、一个真诚的微笑，能如同暖阳般驱散心中的阴霾。这些看似简单的交流，实际上是对人际关系的积极滋养，能帮助我们重新感受到人与人之间的温情联结。

（2）被倾听的力量不可小觑。在经历冷暴力后，个体的声音常常被压抑，而渴望被理解的需求却依旧存在。此时，真正的倾听成了一种重要的支持形式。当我们向朋友或家人分享自己的感受时，如果能够得到他们的认真倾听，不仅能够减轻我们内心的重负，更能让我们在对话中找到自我表达的出口。这种被倾听与被理解，能够帮助我们在情感上获得解脱，让我们在痛苦中找到共鸣与希望。

（3）积极的非语言沟通同样能带来巨大的温暖。一个拥抱、一次轻拍肩膀，甚至是安静地陪伴，都是对抗冷暴力带来的情感隔阂的有效方式。在经历冷暴力时，身体的亲密接触可以有效缓解紧张情绪，传达出无声的支持和关爱。这些小小的肢体语言，能够在无形中传递温暖，让你明白自己并不孤单。

（4）营造温馨的日常环境。无论是布置一处舒适的阅读角落，还是定期与朋友聚会，这些日常活动都能为生活带来新的气息，为你的情绪注入新的活力。温馨的环境会让我们更加放松，重拾生活的乐趣和希望。

（5）进行自我反思与自我肯定。每天花几分钟回顾自己的成就，或者记录下让自己感动的小事，这种自我关注不仅能增强自我意识，还能帮助我们在面对冷暴力的挑战时，保持内心的积极态度。这种回顾过程让我们不断提醒自己，内心的力量始终存在，幸福并不遥远。

总之，小细节的力量在摆脱冷暴力的过程中至关重要。它们如同生活中的灯塔，指引我们走出黑暗，重新找回自我。通过这些微小的幸福积累，我们可以逐渐重塑一个更健康、更有希望的未来。

智慧守护：让冷暴力远离生活

在生活中，很多人或许都曾感受过那种无形的"冷"。它们像无形的墙，将人困在孤独与自我怀疑中，最终让人一步步失去自信，逐渐怀疑自己的存在价值。那么，面对这种沉默的压迫，我们该怎么做呢？

冷暴力现场

一个陌生人的留言

我的领导最近总是用极其敷衍的方式回应我，甚至忽视我。无论我如何积极主动地工作，他都视而不见。时间久了，我逐渐感到自己被排斥，变得焦虑起来，不敢随意表达自己的想法，怕被加倍地冷落。无形中，这种冷暴力的氛围让我对工作的热情消磨殆尽，心情也变得愈加沉重。

一位心理医生的回复

你描述的这类行为可能源于对方的情绪管理问题或是人际交往中的控制欲。你之所以感到焦虑和不安，是因为冷暴力侵蚀了你的自我认同，令你不断否定自己。要走出这种困境，可以尝试直面问题，适时沟通，了解对方的真实想法，以平和的心态应对冷暴力带来的困扰。

以下几种方法，可以帮你在面对冷暴力时保持平和、积极的心态。

（1）每天定时进行"情绪扫描"。花几分钟安静地坐下，回顾一天的情绪，特别是不安和低落的情绪，使用"感受—原因—反应"表格，列出你感受到的情绪（感受），情绪出现的诱因，以及当时的行为（反应）。

学会识别情绪的来源，能够帮你认识到哪些情绪来源于他人的冷暴力，哪些情绪是自身反应。

（2）制作自我肯定语录卡片。写下自己认可的优点、成就和价值观。如"我值得被尊重""我有能力解决问题"。把这些卡片放在常看到的地方，比如镜子旁或电脑旁。

每当感到被冷落时，默念这些肯定的语句，提醒自己不因他人的冷漠而怀疑自我价值。积极的自我对话是一种自我鼓励的方式，可以帮你在面对冷暴力时不轻易陷入情绪波动。

（3）学会"暂停应对法"。当你被忽略时，默念"暂停"，然后深呼吸让自己平静下来。闭上眼，快速问自己三个问题："我为什么会有这种感觉？这是不是对方的无意行为？我有什么更好的反应？"

这个方法有助于在情绪爆发后，给自己思考的空间，从而避免负面情绪的扩散。

（4）列出"可以接受的行为"和"不可以接受的行为"。比如，可以接受对方忙碌时的疏忽，但不能接受持续的冷淡或无视。在日常互动中，如果发现对方做了自己不可接受的行为，尝试用平和的语言表达，比如："我感到被忽视，我需要更多的关注和沟通。"如果对方仍选择无视，果断减少互动频率，不让这些情绪消耗你的心理能量。设定清晰的边界和底线能帮你知道自己不能接受什么行为。

（5）制定互动时间表。根据实际情况，调整互动的时间和频率，比如减少与冷暴力的施暴者的交谈次数，或缩短互动时间。

如果冷暴力环境无法改变，可以在空间上进行调整，比如换座位、减少共同活动等，让自己有更大的独立空间，避免长时间被负面情绪影响。

拥抱未来：活出真实与无限精彩

冷漠的力量不仅打击着你的自尊，也让你在熟悉的环境中感到陌生。然而，这并非无解。面对这种痛苦，你可以选择不再沉默，勇敢地表达自己的感受。每一次坦诚的对话，都是破冰的开始，能够带来理解与温暖。

冷暴力现场

一个陌生人的留言

我是一个普通的上班族，多年来一直在团队中遭遇冷暴力。无论我怎么努力，总觉得自己像空气一样被忽视，任何想法都得不到回应，甚至在团队聚餐时，大家也好像在刻意疏远我。我一度陷入深深的自我怀疑中，觉得自己不够好。后来，我意识到，不能让他人的冷漠定义我的价值。

于是，我开始专注于提升自己，用心工作，提升自己的专业能力。偶尔，我也试着主动和同事沟通。渐渐地，我的自信心恢复了，工作表现也得到认可。如今的我，不再被冷暴力束缚，反而能真实地表达自我，感受到生活的无限可能。

一位心理医生的回复

你不仅识别了冷暴力带来的负面影响，还主动寻求改变，重建了自信和自我认同。你的经历证明，我们的价值来自内心的坚韧和真实，而不是他人的态度。未来，你可以继续保持这份力量，用坦然的心态拥抱生活。

面对冷暴力，我们需要的不是躲避和忍耐，而是将这些经历转化为动力，从而真正摆脱束缚，活出真实的自己。以下是从心理认知、情绪管理、自我构建等角度出发的一些反冷暴力攻略，帮你找到通往自我实现的路径。

（1）思考自我价值的根源。从内在品质出发，不再将价值寄托于他人的态度。进行自我肯定，强化内在信念，比如："我值得被尊重，我的情感与想法有价值。"每天写下至少三个关于自己的正面评价或成就，逐渐内化这些积极的自我认知，重建对自我的肯定。

（2）运用情绪分离技巧。观察冷暴力带来的情绪波动，告诉自己"这些情绪是他人行为带来的反应，而非我内在的真实"。通过这种观察，不让自己的情绪轻易被对方的冷漠操控。

（3）列出"自我保护清单"。明确他人的哪些行为自己不可接受，明确自己的底线，用坚定的态度守护自我边界，并在他人触及自我边界时，用平和且坚定的语言表达出来，比如："我希望我们能更尊重彼此的界限。"通过设定界限，不让他人轻易影响你的情绪和生活。

（4）重建积极的社交关系。摆脱冷暴力之后，重建温暖、积极的社交关系至关重要。积极的关系可以激发人们的内在动力，让我们更有勇气活出自我。参加感兴趣的聚会或活动，与那些愿意支持、鼓励你的人建立联系。在生活中不断丰富支持系统，让自己时刻感受到来自外界的理解和接纳，重建对人际关系的信任。

（5）深度思考未来。深思自己想要的人生，选择对自己负责的生活方式，你便能创造一个充满无限可能的未来。将目光投向内心，去追求那些真正令你心动的理想和目标。

每个月进行一次未来愿景写作，描述你想要的人生，逐步将这些愿景拆分成小目标，每实现一个就总结它带来的收获。通过这种持续的自我激励和目标规划，你会一步步走向心中的理想，真正活出真实与无限精彩。